ATOUMANE DIAGNE ET LASSANA TOURÉ

LES CONTRE-PERFORMANCES DU SECTEUR INDUSTRIEL AU SENEGAL

FACTEURS EXPLICATIFS

CARVI WRITER
EDITIONS NUMERIQUES

Atoumane Diagne et Lassana Touré

LES CONTRE-PERFORMANCES DU SECTEUR INDUSTRIEL AU SENEGAL

FACTEURS EXPLICATIFS

© Carvi Writer Editions numériques

© Carvi Writer Editions numériques
ISBN : 979-8-6910-2651-5

Avant-propos

La statistique est très importante pour la prise de décision. En effet, les statistiques peuvent nous renseigner sur l'évolution d'un phénomène ou permettre d'élaborer des politiques économiques. Pourtant, le domaine de la statistique n'est pas très développé en Afrique. C'est dans cette optique que des écoles d'excellence de statistique ont été créées afin de promouvoir son développement. Il s'agit de : l'École Nationale de la Statistique et de l'Analyse Économique (ENSAE) à Dakar ; l'École Nationale de la Statistique et de l'Économie Appliquée (ENSEA) à Abidjan ; et l'Institut Sous régional de la Statistique et de l'Économie Appliquée (ISSEA) à Yaoundé. Bien que certains cours soient accompagnés de travaux pratiques, l'ENSAE exige à ses étudiants de faire un stage de fin de formation avant l'obtention du diplôme. Un stage de fin de formation pour Atoumane Diagne, co-auteur de ce livre, s'est déroulé du 20 février au 20 juin 2014 à l'Agence Nationale de la Statistique et de la Démographie (ANSD) au sein de la Division des Statistiques Conjoncturelles (DSC). L'ANSD a principalement pour mission la production de statistiques fiables, le suivi des indicateurs de développement, l'analyse des comptes nationaux et la coordination du Système de Statistique Nationale (SSN).

Ce livre peut faire l'objet d'étude approfondie en économie du développement, économie industrielle, analyse conjoncturelle, gestion d'entreprise, économétrie et statistique avancée. Les travaux portent sur les **contre-performances du secteur industriel au Sénégal de 1980 à 2018**. La pertinence de ce thème découle du fait que la période 2000-2018 est marquée par une industrie sénégalaise qui tarde à décoller.

L'adage dit « qu'à tout Seigneur tout honneur ». En effet, ce travail ne saurait se terminer par une réussite qu'avec l'aide de personnes responsables. Ce livre d'une importance capitale pour la suite de nos carrières professionnelles a vu la participation gratifiante de nos formateurs. Il s'agit de Messieurs Maxime NAGNONHOU (Expert Statisticien Économiste,), Mamadou WONE (Ingénieur Statisticien Économiste) et Mamadou CISSE (Ex-chef de l'unité de formation des Ingénieurs Statisticiens Économistes à l'ENSAE). Leurs apports dans la rédaction de ce livre sont énormes ; tant leurs conseils ont été pertinents tant leurs orientations ont été intéressantes. Des remerciements à Messieurs Muhamed NDIAYE, Birama MBAYE, Babacar DIOP et El Hadji Omar SENGHOR et Mademoiselle Sophie DIOP au sein de l'ANSD pour leurs soutiens.

Ce travail scientifique a été possible grâce aux données actualisées et fiables qui ont été mises à notre disposition par Mesdames Astou SAGNA et Astou DAKONO, Messieurs Fodé DIÉMÉ, Insa SADIO, Bocar KA et Mamadou N. KANE de l'ANSD. Il y a lieu de rappeler l'apport grandiose de Messieurs Mamadou DABO (Responsable à la Direction du Redéploiement Industriel) et Mamadou SOW (Directeur Général de la Bourse Nationale de Sous-traitance et de Partenariat) dans le diagnostic de la situation des entreprises fermées et des difficultés rencontrées par ces dernières. Que tous trouvent ici nos sincères remerciements. Toute notre gratitude à l'ensemble du personnel de l'ENSAE notamment Messieurs Bocar TOURE, Souleymane FOFANA, Mady DANSOKHO, Sitapha DIAME, Mayoro DIOP et Souleymane DIAKITE. Toute notre reconnaissance à Messieurs Diabel DIOP, Malick DIOP, Pape Daouda DIÈNE, Daouda THIOYE et Madame Arame Laye NGOM pour leurs aides et leurs expertises dans la rédaction de ce livre.

Nous ne saurons terminer nos remerciements sans citer nos parents et nos familles qui nous ont armé de courage et de détermination tout au long de nos études et nos parcours professionnels. Nous n'oublierons jamais la participation de près ou de loin des personnes qui ont contribué à ce travail partagé à la communauté scientifique, aux organismes patronaux et aux décideurs politiques.

A tous, nous vous adressons nos sincères remerciements.

Introduction générale

Pour atteindre les objectifs de croissance économique et développement inclusif et durable, une économie nationale ne devrait pas subir les externalités négatives du reste du monde. Pourtant, les pays continuent d'endurer les conséquences de la crise économique et financière de 2008. Le monde est marqué par une croissance économique au ralenti après cette crise. La plupart des pays développés et émergents sont en récession en 2012 (dans la zone euro, en Chine, au Brésil, en Inde et au Canada[1]). Les défis de ces derniers pays étaient internes (lutte contre le chômage, développement des énergies durables, soutenabilité de la dette publique, efficacité du système bancaire…) avant d'être externes (aides publiques, coopération bilatérale avec les pays du Sud…). A l'heure actuelle, les vulnérabilités financières et l'intensification des différends commerciaux constituent les risques extérieurs à court terme. Selon le Département des Affaires Économiques et Sociales de l'Organisation des Nations Unies (ONU-DAES), le taux de croissance de l'économie mondiale est passé de 2,4 % en 2016 à 3,1% en 2018. La croissance a repris presque partout dans le monde mais subsistent des tensions commerciales et technologiques (surtout entre les Etats-Unis et la Chine) et de l'incertitude extérieur comme celle liée au Brexit.

Face à cela, le Sénégal faisant parti des Pays d'Afrique de l'Ouest se trouve dans une situation délicate. Le Sénégal a bénéficié d'un allégement de 800 millions de dollars de sa dette en 2006 au titre de l'Initiative d'allégement de la dette multilatérale (IADM)[2] aux Pays pauvres très endettés (PPTE) dont 145 millions de dollar par le FMI. Avec un taux de croissance économique de 6,7% en 2018 (comptes nationaux provi-

---

[1] Les données de la Banque Mondiale pour l'année 2012 confirment une récession de l'économie mondiale de 2,5% contre 3,1% en 2011

[2] Lancée par Le G8, cette initiative concernait uniquement les créances dues au FMI, à la Banque mondiale et à la Banque africaine de développement (BAfD) et la Banque Interaméricaine de développement

soire 2018 –janvier 2019), l'un de ses principaux défis est la croissance accélérée afin d'aspirer à l'émergence. Cette croissance accélérée pourrait passer par une industrie dynamique et compétitive. En effet, la production industrielle a un effet positif sur la croissance économique. L'étude menée par C. GUEYE et M. NDIAYE[3] en 2012 montre qu'une augmentation d'un point du taux de croissance du Produit Intérieur Brut (PIB) réel du secteur industriel aboutit à une hausse de 0,96 point du taux de croissance économique. L'industrialisation est ainsi une étape importante dans le processus de développement économique et social d'un pays. Elle est une priorité incontournable qui pousse les États à solliciter des recherches dans ce sens d'autant plus que l'essor de l'industrie est un bon moyen pour lutter contre le chômage.

Pourtant, la contribution à la croissance du PIB réel est située entre 0,8 et 2,4 points durant la période 2014-2018, avec 1,5 point en moyenne. Auparavant, cette contribution tournait autour de 0,9 point entre 2010 et 2013 sans trop variée. Comparativement au secteur tertiaire, la contribution à la croissance du PIB est de 2,3 points et 2,8 points sur les périodes 2010-2013 et 2014-2018. Le taux de croissance de la valeur ajoutée du secteur secondaire est relativement stable ces 10 dernières années (avec une moyenne respectivement de 4,6% entre 2010 et 2013, et 6,6% entre 2014 et 2018[4]), une situation imputable aux contre-performances des industries du Sénégal.

La contre-performance désigne l'insuffisance des résultats compte tenu de certains critères (efficacité, efficience et pertinence). Un des critères de performance économique dans le cas sénégalais peut être la croissance soutenue de l'activité économique (taux de croissance à 2 chiffres et contribution de l'industrie à la croissance du PIB forte) ou la transformation structurelle de l'économie (croissance industrielle et productivité des facteurs élevées dans les secteurs industriel et agricole).

Toutefois, les réflexions sur les performances du secteur industriel ne datent pas d'aujourd'hui. L'économie industrielle en est le fondement théorique. L'essor de cette théorie a abouti à l'analyse sectorielle et à la théorie de l'organisation industrielle.

---

[3] Cette étude a été réalisée par ces Ingénieurs Statisticiens dans le cadre d'un mémoire de fin de cycle d'étude
[4] Ce taux est entre 0,9% (2008) et 2,3% (2015), source : Comptes nationaux, ANSD

La question à laquelle tentera de répondre ce travail de recherche est : **pourquoi l'industrie sénégalaise n'est pas un moteur de la croissance ?** Une telle étude permettrait de déterminer les variables susceptibles d'impacter la croissance dudit secteur. En outre, elle devra déboucher sur des recommandations de politique pertinentes et susceptibles de booster le secteur industriel.

La méthodologie de recherche pour atteindre les objectifs de cette étude consiste à faire d'abord une exploration du secteur qui permettra d'avoir les caractéristiques du secteur industriel grâce à la statistique descriptive et l'analyse sectorielle. Il s'agira d'analyser **la croissance de l'activité industrielle** de 1980 à 2018. Cette approche conduit à avoir le plan ci-après :

La première partie du livre aura trait au cadre théorique de l'étude. Elle comprend le chapitre 1 consacré à la problématique, l'objectif de l'étude et la formulation des hypothèses de recherche. La revue de littérature se fera au chapitre 2. L'avant dernier chapitre de cette partie portera sur la présentation des données et la méthodologie de recherche (chapitre 3). Enfin, les branches d'activité et les politiques industrielles seront présentées (chapitre 4).

Nous consacrerons la deuxième partie du document à l'analyse exploratoire et l'étude économétrique du secteur industriel. Dans cette exploration, la statistique descriptive permettra d'avoir une vue d'ensemble du secteur industriel (chapitre 5) et une analyse comparative des différentes branches d'activité de l'industrie (chapitre 6). Nous procéderons ensuite à la modélisation des déterminants des contre-performances de l'industrie. Cette partie comprend deux chapitres. Le chapitre 7 concernera la spécification du modèle économétrique et sa validation. Le chapitre 8 se rapportera à l'analyse des résultats et des prévisions.

Première partie : Cadre théorique et méthodologique de l'étude

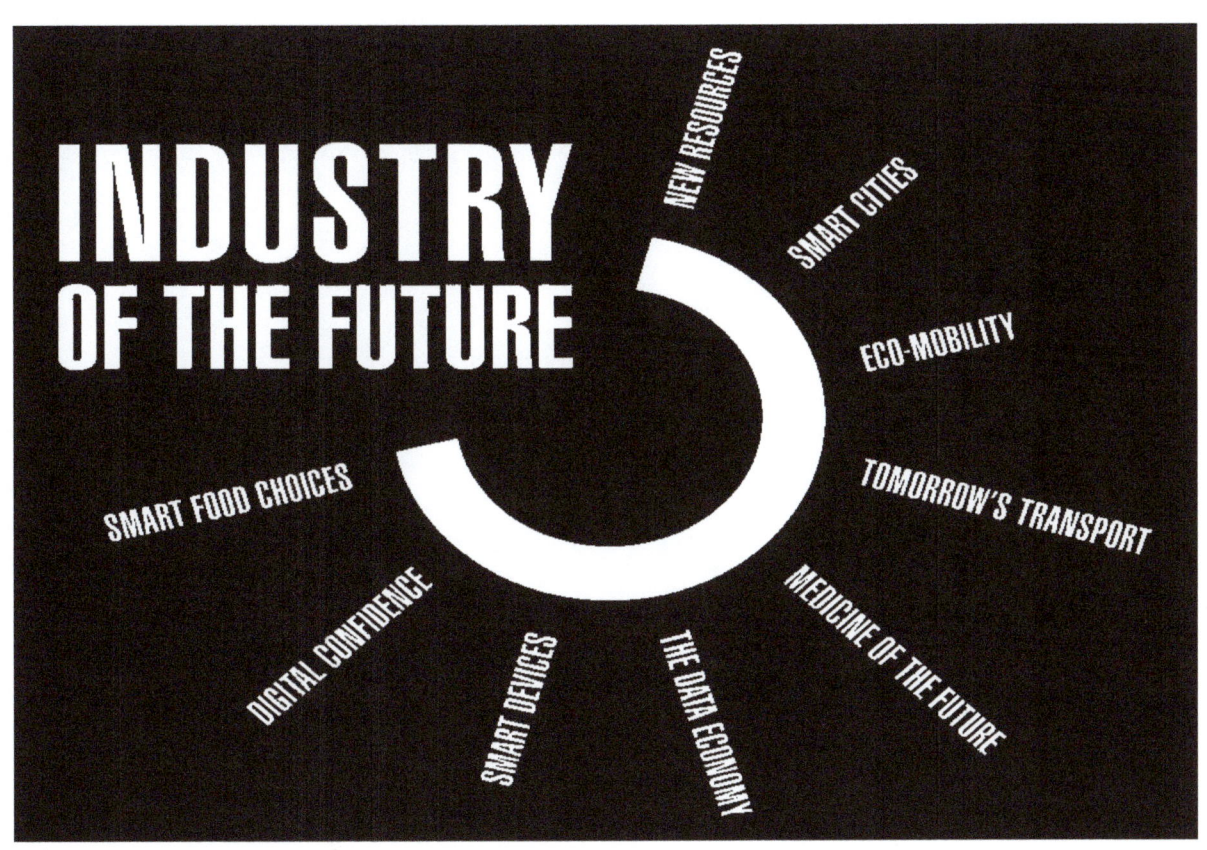

Chapitre 1 : Problématique, objectifs de l'étude et hypothèses de recherche

Un état des lieux sous forme de faits stylisés commencera ce premier chapitre. Il s'agira de poser le problème étudié. Les objectifs d'étude seront ensuite présentés. Enfin, des hypothèses de recherche seront formulées en vue d'atteindre ces objectifs.

1.1. Problematique

L'industrie au sens large inclut entre autres éléments, l'agriculture industrielle, la production de viande, la pêche et l'aquaculture. L'industrie au sens strict qui concerne cette étude correspond seulement aux entreprises industrielles. Le nombre d'entreprises du secteur industriel au Sénégal ne représente pas un poids si important. Les entreprises industrielles même au sens large[5] ne constituent qu'à peine 13% du total des entreprises du répertoire du Centre Unique de Collecte d'Information[6] (CUCI) en 2012 laissant la place aux structures du secteur des services (46% en 2012) ou du commerce (33% en 2012). Le Recensement Général des Entreprises (RGE) effectué en 2016 compte 407 882 unités économiques dont 25% sont dans le secteur industriel alors que le commerce occupe plus de 52% du total. En outre, la part de la valeur ajoutée du secteur industriel dans le PIB nominal est entre 15% et 19% de 1980 à 2012. De 1998 à 2012, cette part a une tendance baissière. Aussi, la part du chiffre d'affaires de l'industrie dans l'ensemble de l'économie reste faible (entre 18% et 20% du PIB nominal de 2010 à 2013).

---

[5] L'industrie au sens large inclut entre autres éléments, l'agriculture industrielle, la production de viande, la pêche et l'aquaculture. L'industrie au sens strict qui concerne cette étude correspond seulement aux entreprises industrielles.
[6] Selon l'enquête de mise à jour du répertoire des entreprises et associations au Sénégal (2012), les industries au sens large représentent 6,8% du total des unités

Durant la période 2011-2013, le secteur industriel sénégalais s'est affaibli. Après les résultats satisfaisants obtenus[7] en 2010, le taux de croissance de la valeur ajoutée de l'industrie au sens large ne cesse de baisser au fil du temps (de 23% en 2011 à - 1,7% en 2012). « La production industrielle de 2013 a affiché un recul de 4,7% comparée à celle de 2012 » confirme la note mensuelle du mois de décembre 2013 de l'Indice Harmonisé de la Production Industrielle (IHPI) de l'Agence Nationale de la Statistique et de la Démographie (ANSD).

Par conséquent, le taux de croissance industrielle mesurant la croissance de la valeur ajoutée du secteur est en baisse. Il passe de 5,7% en 2007 à 2,6% en 2012 avec de fortes fluctuations. De ce fait, le taux de croissance industrielle est relativement faible, égal en moyenne à 3,2% entre 2008 et 2012.

En sus, le fonctionnement des industriels est parfois inadéquat à la concurrence internationale[8]. Les entreprises industrielles locales n'ont pas les mêmes capacités de production que les entreprises étrangères. Ce qui a conduit à la faible part des exportations au Sénégal dans le marché mondial (entre 0,015% et 0,021% de 2000 à 2009 selon le rapport national sur la compétitivité du Sénégal[9] en 2011). De ce fait, le manque de compétitivité est un handicap conduisant à des contre-performances du secteur industriel.

La façon dont sont organisées les entreprises peut être un facteur pouvant bloquer la croissance du secteur industriel. Les entreprises individuelles sont caractérisées par une organisation centralisée. La survie de ces entreprises dépend entre autres, de leurs propriétaires.

En conséquence, le nombre d'entreprises fermées ne cesse d'augmenter. L'observatoire de l'industrie du Sénégal a recensé environ 77 entreprises industrielles fermées depuis le deuxième trimestre de 1987 (selon le recensement des entreprises industrielles fermées depuis 1987 réalisé par la Direction de l'industrie au Sénégal en 2014). La fermeture des unités industrielles trouve son explication notamment dans les

---

[7] Selon l'ANSD, il y a eu une hausse annuelle de 28% du taux de croissance de la valeur ajoutée du secteur de l'industrie au sens large en 2010

[8] Les importations de biens et services du Sénégal ont augmenté de 11% entre 2011 et 2012. C'est qui traduit l'évolution rapide des importations. D'ailleurs, elles ont augmenté de 173% de 2000 à 2012.

[9] Ce rapport est l'œuvre du Ministère de l'Économie et des Finances du Sénégal

difficultés rencontrées par le secteur. Le secteur industriel fait face à des coûts des facteurs de production élevés. C'est ainsi que l'accès à l'eau et l'électricité, la fiscalité et les charges sociales sont à l'origine de certains problèmes des industriels. À cela s'ajoute les difficultés liées à l'accès au foncier, au financement, aux matières premières[10] et à l'insuffisance des investissements.

Par ailleurs, le secteur industriel est marqué par son caractère hétérogène. Comme tout secteur, il existe une variabilité des caractéristiques des entreprises. Certaines entreprises ont une dotation en facteur humain (qualité des ressources humaines) ou capital plus élevée ; d'autres ont des poids faibles. Le chiffre d'affaires[11] par exemple d'une entreprise représente 57,4% du total du chiffre d'affaires des industries chimiques en 2011. Le chiffre d'affaires d'une autre unité représente 68,6% du chiffre d'affaires des industries de l'énergie et l'hydraulique en 2011. Les résultats sectoriels sont influencés par quelques entreprises industrielles dominantes. En conséquence, la baisse du taux de croissance industrielle peut être due aux contre-performances de certaines grosses unités sans pour autant en généraliser une crise du secteur industriel.

Du reste, l'industrialisation est un des défis des pays sous-développés en vue d'avoir une croissance économique durable. Grâce à cette industrialisation, les entreprises deviennent plus productives. Elle permet aussi d'avoir une économie compétitive sur le marché mondial. Pour développer le tissu industriel, l'analyse des facteurs explicatifs des difficultés dudit secteur est un préalable. Ainsi, il devient pertinent de faire une étude allant dans ce sens.

1.2. Objectifs de l'etude et hypotheses de recherche

L'objet général de l'étude consiste à étudier **les facteurs explicatifs des difficultés rencontrées par le secteur industriel au Sénégal**. Cet objectif général se décompose en plusieurs objectifs spécifiques formulés comme suit :

---

[10] Beaucoup d'intrants utilisés par les entreprises industrielles sont importés et il y a de fortes fluctuations quant à leurs prix
[11] Données du répertoire national des entreprises au Sénégal

- caractériser le tissu industriel du Sénégal et les potentialités cachées ;
- analyser le lien entre l'ouverture économique et la croissance industrielle ;
- déterminer les variables qui sont susceptibles d'impacter la croissance du secteur industriel sénégalais.

Pour atteindre ces objectifs, les hypothèses suivantes sont émises :

- Hypothèse 1 : la compétitivité du secteur industriel à travers les termes de l'échange a un effet positif sur la croissance du secteur industriel ;
- Hypothèse 2 : les investissements ont un effet positif sur la croissance industrielle ;
- Hypothèse 3 : les consommations intermédiaires influencent négativement la croissance de l'activité industrielle.

Chapitre 2 : Revue de littérature

Ce chapitre est subdivisé en deux parties dont la première concerne la revue théorique et la seconde comprend les différents travaux empiriques sur les performances du secteur industriel.

2.1. Revue théorique

Cette section permet de faire ressortir les enseignements de l'économie industrielle ainsi que certaines théories relatives à la performance des entreprises (théorie de la production, théorie des organisations et théorie de l'ouverture économique).

2.1.1. Enseignements de l'économie industrielle

L'économie industrielle a pour but d'étudier le système productif et ses stratégies. Alfred Marshall en est son principal fondateur. D'autres auteurs ont exploré ce domaine. Parmi ceux-ci, il y a Cournot, J. Baptiste Say, Carlton et Perloff. Différentes théories composent cette discipline. La **théorie de la structure de marché** est le point de départ de l'économie industrielle. Les structures de marchés sont analysées en vue de comprendre les comportements des acteurs de l'industrie et par là, les performances du secteur. C'est le **paradigme Structure-Comportement-Performance (SCP)** de J. Bain (1959) initié par E. Mason (1957). En outre, l'une des plus grandes théories dans ce domaine est la **théorie des firmes**. Dans cette théorie, il est étudié les conditions de concurrence, la gestion de l'information imparfaite, l'analyse des coûts de production, l'efficacité et les notions fondamentales que sont la production, l'offre, la demande, la performance, etc. C'est dans cette théorie qu'il y a les cinq (5) forces concurrentielles de Michael Porter : le pouvoir de négociation des clients, le pouvoir de négociation des fournisseurs, la menace des produits ou services de substitution, la menace d'entrants potentiels sur le marché et l'intensité de la rivalité entre les concurrents.

L'importance de l'étude de la concurrence entre entreprises a induit la **théorie des contrats**. Les entreprises adoptent des stratégies de coopération ou d'engagement face à la concurrence. L'engagement entre deux entreprises est consolidé à travers un contrat, d'où le nom donné à cette théorie. Elle a donné naissance à la **théorie des coûts de transaction et la théorie des incitations**. Dans la théorie des coûts de transaction, il est pris en compte les coûts (ou dépenses) liés aux échanges entre agents économiques. Cette dernière théorie permet de comprendre le paradigme SCP sous une autre forme. Par contre, la théorie des incitations est beaucoup plus orientée vers la gestion des organisations (ou entreprises). L'auteur Jean-Jacques Laffont est un des économistes les plus expérimentés de cette théorie. En reprenant ces propos, il dit que « l'économie des incitations peut être décrite comme l'étude de l'élaboration de règles et d'institutions qui induisent les agents économiques à exercer des niveaux d'effort élevés et à transmettre correctement toute information privée qu'ils possèdent et qui est socialement pertinente ». Au-delà de ces théories, la nouvelle économie industrielle a donné naissance à une nouvelle approche, celle de la **théorie de la contingence**. L'apport de cette théorie réside dans le fait que l'analyse est individualisée. Il s'agit d'étudier le comportement des entreprises (en termes de management et stratégie) pour en déduire leurs performances.

Une autre approche tout à fait différente se trouve être l'approche évolutionniste. Pour cette dernière qui se veut dynamique, les auteurs tels que Hayek, Nelson et Winter (1982) ont mis l'accent sur l'évolution du système économique. La dynamique du système préoccupe beaucoup les prétendants de ce courant. Pour ces auteurs, c'est parce que l'économie est en perpétuelle évolution qu'elle est toujours en déséquilibre. Ceci est causé par l'hétérogénéité des entreprises, la capacité d'adaptation des agents face à la concurrence (théorie de la contingence), l'innovation et le progrès technique. En tout état de cause, l'approche évolutionniste a contribué d'une manière considérable au développement de **l'analyse sectorielle**.

2.1.2. Théorie de la production

Cette théorie consiste à analyser le processus de production des entités productrices. La mesure de la production, la rentabilité économique (maximisation des profits) et l'organisation de la production (détermination des inputs et outputs) font l'objet de cette théorie. Les outils les plus utilisés sont le taux marginal de substitution technique (le nombre d'unités supplémentaires de l'input 1 suite à une diminution d'une unité de l'input 2 pour maintenir le même niveau de production), la productivité marginale (l'augmentation de la production suite à une augmentation d'une unité de l'input), les rendements marginaux[12] (variation de la productivité marginale si l'input évolue), les rendements d'échelle[13] (variation de la production lorsque tous les inputs varient dans la même proportion), la fonction de production, les recettes marginales et le coût marginal de production. La prise en compte du progrès technique dans l'étude de la production est d'un grand intérêt pour l'industrie. En effet, les changements technologiques influencent sur l'évolution du niveau de production.

2.1.3. Théories des organisations

Les entreprises peuvent être caractérisées par la structure de propriété[14]. Il existe trois thèses dans l'explication de la relation entre performance d'une entreprise et sa structure de propriété. Les deux premières sont élaborées par Morck, Shleifer et Vishny : la thèse de la convergence d'intérêt[15] et la thèse de l'enracinement[16]. La thèse de la neutralité est la troisième thèse. Elle est l'œuvre de Demsetz (1983) et dit que la structure de propriété n'a pas d'effet sur les résultats obtenus par une entreprise.

---

[12] Ils sont le plus souvent décroissants

[13] Quand ils sont croissants, nous parlons d'économie d'échelle ; quand ils sont décroissants, nous sommes dans une situation de déséconomie d'échelle

[14] Cette dernière signifie que la répartition du capital caractérise le mode de fonctionnement de l'entreprise. Une entreprise dont les actionnaires ont la majorité du capital diffère dans la gestion de celle dont la majorité du capital est détenue par les dirigeants.

[15] Selon cette théorie, la part de capital des dirigeants est liée négativement avec le niveau fixé de maximisation de profit

[16] Dans cette thèse, une entreprise dont le capital est détenu en majorité par les dirigeants peut ne pas se retrouver dans une situation de maximisation de profit

Le lien qui existe entre le propriétaire et le dirigeant d'une entreprise est une **relation d'agence**[17]. Selon la théorie de l'agence, appelée aussi **théorie des mandats**, le comportement de l'entreprise résulte des intérêts des dirigeants, actionnaires et créanciers. Les divergences d'intérêts de ces acteurs créent des coûts appelés **coûts d'agence**. Ces divergences d'intérêts font l'objet de la **théorie des organisations**[18]. Cette dernière prend en considération les comportements des acteurs pour décrire l'organisation des entreprises. L'étude de l'organisation des entreprises a vu naître la **théorie configurationnelle**.

Dans la théorie configurationnelle[19], Miller (1983) est l'un des plus grands théoriciens. Il postule que la configuration organisationnelle conditionne les stratégies de croissance de l'activité. De plus, Lichtenstein et al. (2007) ont utilisé l'approche de cycle de vie dans le cadre de l'analyse de la croissance de l'activité des entreprises. D'autres travaux (Hanks et al. 1993 ; McMahon 2001 ; Lichtenstein et Brush 2001 ; Kemp et Verhoeven 2002 ; Delmar et al. 2003 ; Heirman et Clarysse 2004 ; Garnsey et al. 2006) se sont ajoutés dans cette même lancée.

2.1.4. Théorie de l'ouverture économique

Le débat entre le **protectionnisme** et le **libre-échange** a fait l'objet de plusieurs argumentations concernant les gains pouvant être tirés de l'ouverture économique (en particulier sur les performances industrielles). Certains théoriciens ont mis l'accent sur le protectionnisme en ce sens qu'il permet aux industries naissantes de grandir (l'apprentissage industriel). Dans cette même lancée, des auteurs tels que Jean-Baptiste Colbert, Friedrich List (1840) et Paul Bairoch ont opté pour le protectionnisme en raison de l'imperfection du marché mondial (la fluctuation par exemple des cours mondiaux) et des externalités négatives étrangères, de la détérioration des termes de l'échange, etc. Par contre, certains auteurs sont contre le protectionnisme et optent pour un libre-échange. Tout d'abord, le protectionnisme est pour eux à l'origine de la

---

[17] Le dirigeant est l'agent alors que l'actionnaire est le principal.
[18] À ne pas confondre avec la théorie de l'organisation industrielle
[19] Cette théorie se décompose en deux approches : la typologie (basé sur la théorie) et la taxonomie (basée sur les études empiriques)

non rentabilité de l'activité économique. Ensuite, il implique des coûts sociaux supplémentaires et il encourage les comportements de type rentier. Enfin, le libre-échange crée des gains de productivité[20] dus par exemple aux transferts de technologie. Les auteurs de ce dernier courant tels qu'Adam Smith (1776), David Ricardo (1817) et Paul krugman (1978) se sont fondés sur les **théories de l'accroissement de la consommation** (avec la théorie des avantages absolus et comparatifs), la **théorie de la diversification de l'offre** et la **théorie de la stabilité des prix** des biens et services.

2.2. Revue empirique

Deux approches seront utilisées dans l'analyse des performances du secteur industriel. En effet, l'analyse des performances d'un secteur doit être méthodique dit P. Moati (2000). Selon cet auteur, il faut considérer les déterminants sectoriels d'une part, et d'autre part les déterminants individuels de la croissance d'activité d'un secteur. La première porte sur l'approche macroéconomique alors que la seconde fait référence à l'approche microéconomique. Toutefois, les **indicateurs de performances industrielles** sont multiples : croissance de la valeur ajoutée industrielle, niveau de production industrielle, part de la valeur ajoutée industrielle dans le PIB national, la productivité totale ou partielle, la compétitivité, la rentabilité financière ou économique, l'efficience, l'efficacité, le nombre d'employés, etc.

2.2.1. L'approche macroéconomique

Dans cette approche, des auteurs se sont intéressés à l'analyse de l'ensemble de l'économie. D'autres se sont focalisés uniquement sur le secteur industriel.

---

[20] Les investissements Directs Etrangers ont en théorie un impact positif sur la productivité des entreprises

2.2.1.1. Analyses dans l'ensemble de l'économie : les facteurs globaux

Sylvie Démurger[21] a fait une étude sur l'impact de l'ouverture sur la croissance industrielle. Dans ses travaux, elle trouve un lien entre les variables Investissements Directs Étrangers (IDE) et exportations avec l'évolution de la croissance industrielle.

Aussi, la littérature montre qu'il existe un effet positif entre croissance de l'activité du secteur industriel et la recherche et développement. Dans son livre « Capitalisme, Socialisme et démocratie », Joseph Schumpeter (1942) montre que le progrès économique est l'aboutissement d'une destruction créatrice. Sûrement, l'innovation de certaines entreprises a un effet négatif sur les autres si ces dernières ne peuvent pas s'adapter. Elle a aussi un effet bénéfique sur toutes les entreprises du secteur du fait de la création. C'est pourquoi l'on parle de destruction créatrice.

2.2.1.2. Analyses dans le secteur industriel : les facteurs sectoriels

L'une des approches les plus utilisées pour la mesure de la performance d'un secteur est le paradigme Structure-Comportement-Performance (SCP). Des auteurs tels que Marshall, Hotelling et Chamberlin ont eu à mener des études sur les structures de marché. Cependant, Bain (1959) le véritable fondateur de l'approche structuraliste, a analysé le degré de concentration d'un secteur, la différenciation des produits, les conditions d'entrée dans un secteur, etc. Dans ses travaux, il a mis en relation profit sectoriel et concentration industrielle. Shered (1970) considère ce paradigme comme une chaîne de causalités. Selon cet auteur, les structures (nombre d'offreurs et demandeurs, différenciation des produits, barrières à l'entrée, structures des coûts, intégration verticale, conglomérat) sont déterminées à partir de certaines conditions de base (la technologie, la diversification, les préférences des consommateurs, les propriétés des matières premières, etc.). Les comportements (fixation des prix, stratégie produit, recherche et innovation, publicité, comportements face à la réglementation) dépendent de ces structures. C'est à la suite de tout cela que viennent les performances du secteur (c'est-à-dire ses résultats).

---

[21] Dans ses recherches, le capital humain qu'elle mesure par le niveau de qualification des employés a un rôle à jouer dans la croissance industrielle

Quant à P. Moati (2000), il considère plusieurs composantes de la croissance de l'activité d'un secteur. Parmi ces composantes, il y a : la croissance des débouchés du marché domestique, la compétitivité internationale (le taux de pénétration des importations), les exportations, les activités de diversification[22] (taux de diversification du secteur), le degré d'intégration verticale des entreprises du secteur, l'évolution du niveau des marges et la capacité de valorisation de la production sur les marchés.

Néanmoins, l'analyse des performances industrielles ne s'est pas limitée à ces travaux précédemment cités. Un point crucial concerne l'apport de l'Organisation des Nations Unies pour le Développement Industriel (ONUDI). Dans son livre intitulé « Statistiques industrielles : directives et méthodologie » publié en 2010, cette organisation présente plusieurs indicateurs permettant de mesurer la performance industrielle. Parmi ces indicateurs, il y a le taux de croissance industrielle, la part de la valeur ajoutée industrielle dans le Produit Intérieur Brut, la productivité globale[23] et factorielle[24], la compétitivité, le taux d'exportation, etc. En outre, l'ONUDI a construit un indicateur composite pour l'analyse des performances industrielles : l'indice de la Performance Compétitive de l'Industrie (PCI). Cet indice a plusieurs composants que sont la capacité de production[25], la capacité d'exportation[26], le degré d'industrialisation[27] et la qualité des exportations[28].

2.2.2. L'approche microéconomique

Dans cette approche, l'analyse de la croissance industrielle se fait par branche d'activité ou par entreprise. Ainsi, les préoccupations de ces auteurs diffèrent.

2.2.2.1. Analyses par branche d'activité de l'industrie

L'auteur R. Kouassi (2000) a étudié les contre-performances de l'agro-industrie en utilisant le paradigme Structure-Comportement-Performance. Il a montré que les contre-

---

[22] Les entreprises font des activités de diversification lorsqu'elles font des activités dans plusieurs branches
[23] ou totale
[24] ou partielle
[25] Pour mesurer cette dernière, l'ONUDI utilise la valeur ajoutée manufacturière par habitant
[26] L'ONUDI utilise ici le montant des exportations de biens manufacturés par habitant
[27] S'agissant du degré d'industrialisation, la part de la valeur ajoutée manufacturière est l'indicateur utilisé
[28] Deux indicateurs permettent de mesurer la qualité des exportations : la part des exportations de biens manufacturés et la part des secteurs de moyenne-haute technologie dans les exportations totales

performances de l'efficience économique de l'agro-industrie sont causées par la concentration et la protection.

En faisant une analyse en données de panel dans sa thèse doctorale, Abdoul Alpha DIA (2005) a examiné les effets des niveaux de qualification de la main-d'œuvre sur les niveaux de performances des entreprises industrielles au Sénégal. Il a utilisé l'estimateur des Moindres Carrés Ordinaires (MCO), l'estimateur Between, l'estimateur Within et l'estimateur des Moindres Carrés Généralisés (MCG). Dans ces résultats, l'impact à la fois des cadres et techniciens supérieurs n'est pas significatif. Il ne trouve pas non plus un impact significatif et positif des politiques en matière de formation continue sur la performance des entreprises. Par contre, les techniciens et agents de maîtrise ont un impact positif sur la production, et donc sur la croissance industrielle.

2.2.2.2. Analyses par entreprise industrielle.

Il existe une grande variabilité intra-sectorielle qui doit être prise en compte dans l'analyse des performances d'un secteur. Ce sont les caractéristiques de l'entreprise (mode de gestion, facteur capital, facteur travail, technologie, etc.). Beaucoup d'auteurs ont utilisé cette approche microéconomique de l'analyse des performances d'une entreprise. Tout compte fait, la performance d'une entreprise[29] est un concept multidimensionnel qui inclut les facteurs quantitatifs (production, effectif des employés, etc.) et qualitatifs (qualité du produit, rentabilité, bon usage des facteurs de production, etc.).

Gilbert (1980) résume les facteurs de la performance d'une entreprise à travers le triangle de la performance. Dans ce triangle, il y a la pertinence, l'efficience et l'efficacité. Les notions telles qu'objectifs, moyens et résultats de l'entreprise dépendent de ces critères.

En outre, des auteurs tels que G. Charreaux (1991) ont utilisé le Q de Tobin (Valeur de marché de la firme sur la Valeur comptable de l'actif économique) comme indicateur

---

[29] Dans les études sur la performance des entreprises, Issaka Idrissa a quant à lui étudié les déterminants de développements des entreprises de l'industrie de transformation au Niger. Au cours de ses travaux, il utilise trois indicateurs de performance des entreprises que sont la rentabilité des capitaux, la productivité du travail et la productivité du capital. Il utilise un modèle de régression par étape

de performance de l'entreprise. Charreaux retient comme variables qui influencent cet indicateur l'effet sectoriel, le taux d'endettement, le taux de rotation des titres, le type de société (managériale, familiale ou contrôlée) et le taux de croissance de l'activité. Dans ses travaux, la structure de propriété (ou concentration de capital) mesurée par le pourcentage de capital détenu par le conseil d'administration n'influence pas significativement la performance de l'entreprise.

La performance d'une entreprise est aussi analysée par le niveau des coûts de production. La fonction de coût, selon Shepard (1970) s'écrit sous la forme de combinaison d'inputs ; la minimisation de cette fonction permettra d'avoir le niveau optimal d'efficience. Dans cette même optique, Sandrine Juan (1992) a utilisé les méthodes "bootstrap" dans sa thèse pour estimer les coûts de production des industries de l'automobile.

En sus, Sonia Khiari (1992) a étudié les performances des jeunes entreprises innovantes en utilisant le concept de Co-alignement. Ce dernier postule que les performances des entreprises doivent être analysées en prenant en compte simultanément leurs conditions internes et externes.

Dans la théorie de la contingence, des variables telles que le niveau d'étude du dirigeant (Hall, 1995), la solidarité ethnique (Fayolle, 2008), le sexe du dirigeant (Cooper, 1994), son expérience (Cooper 1982), son appartenance religieuse (Weber, 2000 et Noland[30], 2007), l'obtention d'aides publiques (P.A. Julien, 2000), le dynamisme de l'environnement (Weinzimmer, 1993), l'âge (J.N. Variayam et al., 1992 ; D. Evans, 1987) et la taille (Cette Gilbert et Szpiro Daniel[31], 1992) de l'entreprise ont une influence sur la croissance de son activité.

Tout récemment, McGahan (1999) donne quatre facteurs explicatifs des performances individuelles. Il s'agit des composantes : temporelle, sectorielle, individuelle et diversification des activités. En ce qui concerne cette dernière composante, Mouna

---

[30] Noland a mis l'accent sur l'islam pour expliquer l'évolution de la croissance d'activité de l'entreprise alors que Weber a utilisé le protestantisme pour étudier ce même lien
[31] Pour ces auteurs, il existe une taille optimale de la performance d'une entreprise

Ben Rejeb (2003) montre qu'il existe un effet négatif entre l'entrée sur les marchés d'exportation et la croissance de la productivité d'une entreprise.

Selon P. Moati (2000), les déterminants individuels de la croissance d'activité sont : la taille, l'âge, le taux de croissance passé, les investissements publicitaires, le profil du dirigeant, la structure du capital, les moyens de financement et les investissements technologiques de l'entreprise.

En outre, M. Song, K. Podoynitsyna, Hans Van Der Bij, et J. I. M. Halman (2008) ont fait une étude dans ce domaine. Ils examinent 24 facteurs de réussite des nouvelles entreprises de technologie. Ces facteurs sont regroupés en trois catégories : **le marché et ses opportunités** (le dynamisme environnemental, l'hétérogénéité de l'environnement, l'internalisation, l'intensité de la compétitivité, l'innovation, le marketing, la stratégie de réduction des coûts, le taux de croissance et l'étendue du marché), **l'équipe entrepreneuriale** (l'expérience industrielle, l'expérience en marketing, l'expérience en Recherche et Développement et l'expérience préalable de démarrage) et **les ressources** (les ressources financières, l'âge de l'entreprise, sa taille, son type, les appuis financiers non gouvernementaux, la protection de brevets, les alliances en Recherche et Développement, les investissements en Recherche et Développement, la taille de l'équipe fondateur, les partenariats universitaires et l'intégration de la chaîne d'approvisionnement). Parmi ces facteurs, ils conclurent que 8 influencent significativement la réussite des nouvelles entreprises (l'intégration de la chaîne d'approvisionnement, l'étendue du marché, l'âge de la firme, la taille de l'équipe fondateur, les ressources financières, l'expérience industrielle, l'expérience en marketing et la protection des brevets). Dans « les facteurs de contingence de la croissance des micros et petites entreprises camerounaises », Hamadou Boukar (2009) a étudié l'effet de ces variables sur la croissance de l'activité d'un panel de 116 micros et petites entreprises ayant au moins quatre ans d'existence. Il trouve un effet positif du sexe du dirigeant, son expérience, l'appartenance religieuse et les aides publiques et un effet négatif du dynamisme environnemental.

Au sortir de cette investigation, les déterminants de la croissance de l'activité industrielle sont nombreux et diversifiés. Ils sont soit sectoriels soit individuels. Les déterminants sectoriels sont relatifs à l'ouverture économique (exportations et importations), aux investissements, à la demande intérieure, etc. Les déterminants individuels (propres aux entreprises) concernent le niveau de production des sous-secteurs de l'industrie, la capacité de production, le niveau de qualification des employés des entreprises, le niveau des marges industrielles, le capital physique, la taille des entreprises, l'importance accordée au marketing, etc. En tout état de cause, il s'en suit une méthodologie de recherche basée sur ces faits. Cette méthodologie adoptée conduira à une présentation des données.

Chapitre 3 : Présentation des données et méthodologie de recherche

Ce chapitre commencera par une présentation des données. Ensuite, il exposera la méthodologie adoptée dans cette étude. En cela, il s'agira dans un premier temps de donner les outils utilisés pour l'exploration du secteur industriel. Dans un deuxième temps, l'économétrie des séries temporelles permettra d'étudier les facteurs explicatifs de la croissance d'activité du secteur industriel.

3.1. PRESENTATION DES DONNEES

Les données à notre disposition proviennent essentiellement de la Direction des Statistiques Économiques et de la Comptabilité Nationale (DSECN) à l'ANSD. Certaines données sont enregistrées par le service de statistique d'entreprises alors que d'autres sont collectées par le service de la comptabilité nationale. C'est ainsi que nous avons deux catégories de variables pour chaque source. Pour la première source, la Division des Statistiques d'Entreprises (DSE) à travers le Centre Unique de Collecte de l'Information[32] (CUCI) et le Répertoire National des Entreprises et Associations (RNEA), recueille les informations économiques et financières des unités enregistrées. La collecte des Déclarations Statistiques et Fiscales (DSF) exigées aux sociétés et quasi-sociétés non financières permet d'avoir une banque de données. Elle consiste à rassembler entre autres, le compte de résultat, le bilan, le Tableau Financier des Ressources et des Emplois (TAFIRE) et les états complémentaires des entreprises. Ces données collectées permettent d'avoir des indicateurs économiques et financiers des sous-secteurs du secteur moderne (industries, BTP et annexes, services, commerce). Les données de la statistique d'entreprises pour cette étude sont les séries ci-dessous (collectées de 1997 à 2012) :

---

[32] Le CUCI a été créé en 1976

- le chiffre d'affaires ;
- les charges d'exploitation ;
- les frais de recherches et développement ;
- les subventions d'investissement ;
- les emprunts ;
- les capitaux propres ;
- les matières premières et autres approvisionnements ;
- l'Excédent Brut d'Exploitation (EBE).

Pour la seconde source, la Division de la Comptabilité Nationale, des Synthèses et Études Analytiques (DCNSEA) est chargée d'élaborer les comptes nationaux. Elle recueille les données économiques soit par branche d'activité soit par produit (à l'aide des nomenclatures d'activités et des produits[33]) tout en respectant les recommandations du Système de Comptabilité Nationale (SCN). Ces données collectées sont agrégées pour avoir des indicateurs macroéconomiques (taux de croissance économique, exportations, importations, Revenu National Brut, ...) du pays. Les données de la comptabilité nationale pour cette étude sont les séries ci-après (de 1980 à 2012) :

- la valeur ajoutée par branche d'activité ;
- le Produit Intérieur Brut nominal ;
- les termes de l'échange ;
- les exportations par branche d'activité ;
- les importations par branche d'activité ;
- les consommations intermédiaires par branche d'activité ;
- la consommation finale marchande par produit ;
- la Formation Brute de Capital Fixe (FBCF) ;
- les taxes nettes sur les produits ;
- la production par branche d'activité.

Les données de la première source vont servir uniquement à l'analyse exploratoire. Celles de la seconde source, permettant la statistique descriptive et l'analyse écono-

---

[33] Les nomenclatures des activités (NAEMA) et des produits (NOPEMA) de l'Observatoire Économique et Statistique d'Afrique Subsaharienne (AFRISTAT) sont adaptées au Sénégal (donnant naissance à la NAEMAS et la NOPEMAS)

métrique, aboutira à la détermination des facteurs explicatifs des contre-performances du secteur industriel. Toutefois, la série de la part de valeur ajoutée industrielle sur le PIB de la Banque Mondiale (BM) sera utilisée pour faire une analyse comparative entre certains pays de l'Union Économique et Monétaire Ouest-Africain (UEMOA).

Comme ce travail de recherche est fondé sur l'approche macroéconomique, les données ont été agrégées par branche d'activité puis par secteur (industrie, services, BTP, agricole[34]). Un autre traitement des données a consisté à calculer le taux de croissance annuel des séries agrégées. Ces calculs permettent de travailler uniquement avec des données sans unité (pour éviter les fortes fluctuations) et de faire des analyses comparatives entre branches d'activité. Les variables utilisées pour le secteur industriel sont en pourcentage et annuel :

⇒ Taux de croissance de la production industrielle appelé plus simplement taux de production industrielle (TPI) ;
⇒ Taux de croissance de la valeur ajoutée industrielle appelé plus simplement taux de croissance industrielle (TCI) ;
⇒ Taux de croissance des termes de l'échange (TCTE) ;
⇒ Taux de croissance des exportations industrielles (TCEXP) ;
⇒ Taux de croissance des importations industrielles (TCIMP) ;
⇒ Taux de croissance de la consommation finale marchande de l'industrie (TCCFM) ;
⇒ Taux de croissance des consommations intermédiaires de l'industrie (TCCI) ;
⇒ Taux de croissance de la FBCF au prix de base (TCFBCF) ;
⇒ Taux de croissance des taxes nettes sur les produits (TCTNP) ;
⇒ Taux de croissance du chiffre d'affaires[35] de l'industrie (TCCA).

---

[34] Ce secteur regroupe les activités liées à l'agriculture au sens large (pêche, élevage, sylviculture, chasse...)
[35] Cette dernière série commence à partir de 1998 contrairement aux autres variables commençant en 1981

3.2. Caracteristiques du secteur industriel

L'approche utilisée dans la description du secteur industriel consiste à présenter d'abord le secteur industriel et les politiques industrielles. Il s'agira d'avoir une idée sur les composants du secteur de l'industrie, ses spécificités globales et les opportunités offertes par ce secteur d'une part, et d'autre part de faire le point sur les politiques industrielles au Sénégal depuis les années 1960.

Parmi les variables d'études, il y a les variables d'intérêt (taux de croissance de la valeur ajoutée et de la production industrielle) ayant des informations pertinentes sur le secteur. En ce sens, les graphiques d'évolution des variables d'intérêt fourniront les caractéristiques de la croissance d'activité du secteur. D'autres variables (exportations, importation, Excédent Brut d'Exploitation, chiffre d'affaires, charges d'exploitation, etc.) seront utilisées dans le cadre de cette analyse exploratoire du secteur industriel.

Ensuite, les branches d'activité[36] seront étudiées en détail (à savoir leurs poids dans le secteur industriel, leurs évolutions et les problèmes rencontrés). Certaines variables (valeur ajoutée, production, exportations, importations, consommations intermédiaires, consommation finale marchande, etc.) seront utilisées dans le but d'analyser la croissance d'activité de la branche. Ces variables permettront aussi de faire des comparaisons entre les branches d'activité de l'industrie.

Après avoir présenté les caractéristiques du secteur industriel de fond en comble, il s'agira dans les pages qui suivent de présenter les outils économétriques qui seront utilisés pour la modélisation des facteurs explicatifs des contre-performances du secteur industriel.

3.3. Modelisation de la croissance industrielle

Cette étude se focalisera sur une **modélisation de la croissance industrielle de 1980 à 2012**. L'approche macroéconomique sera adoptée dans le cadre de cette étude. En effet, les données individuelles du secteur industriel ne sont pas disponibles au moment

---

[36] L'industrie est divisée par branche d'activité. Ces groupes s'appellent communément branche, à ne pas confondre avec la branche d'activité d'un ensemble d'unités produisant le même type de biens ou services. Par abus de langage, nous confondrons ces deux concepts dans ce livre

de cette étude. Les informations sur les caractéristiques de chaque entreprise que requiert cette étude ne sont pas collectées périodiquement. Les résultats finaux du RGE ne sont obtenus qu'en 2017. Ainsi, selon l'approche choisie, l'explication des contre-performances de l'industrie se fera à l'aide du modèle vectoriel à correction d'erreur ou du modèle Vector Auto Regressive (VAR) pour plusieurs raisons. Le modèle VAR permet d'analyser un ensemble de variables comme un système. Plusieurs équations peuvent être estimées, en plus de la possibilité d'étudier les liens de causalité entre variables. Le Modèle à Correction d'Erreur (MCE) est un des outils les plus récents de l'économétrie des séries temporelles. Son apport dans les études statistiques est la prise en compte du court terme et du long terme dans l'analyse de l'évolution d'une (des) série(s). Contrairement au modèle VAR qui ne se limite qu'aux séries stationnaires, le modèle MCE offre d'énormes opportunités lorsque l'on veut maintenir la non-stationnarité des variables. En outre, le Modèle à Correction d'Erreur (MCE) découle du fait que certaines séries sont cointégrées[37]. La cointégration entre deux variables a été élaborée d'abord par Engle et Granger (1987). L'auteur Johansen (1991) a poursuivi ces travaux en traitant la cointégration entre plusieurs variables. Des tests statistiques (stationnarité, causalité, cointégration...) seront faits en ce sens pour pouvoir choisir le modèle adéquat aux données.

Le modèle à élaborer mettra en relation les variables citées précédemment. La variable d'intérêt de l'analyse économétrique est le taux de croissance industrielle (TCI). La revue de littérature induit quelques spécificités sur les variables supposées explicatives notamment :

- ✓ **TCTE** : la détérioration des termes de l'échange a théoriquement un effet négatif sur le taux de croissance industrielle ;
- ✓ **TCIMP** : l'augmentation des importations de l'industrie a un effet négatif sur la croissance de l'activité industrielle ;
- ✓ **TCTNP** : la hausse des taxes nettes sur les produits a un effet négatif sur la croissance de l'activité industrielle ;

---

[37] Si tel n'est pas le cas, il est possible d'utiliser le modèle VAR

- ✓ **TCCI** : l'augmentation des consommations intermédiaires de l'industrie implique une diminution du taux de croissance industrielle ;
- ✓ **TCEXP** : l'essor des exportations de l'industrie a un effet positif sur la croissance industrielle ;
- ✓ **TCCFM** : l'augmentation de la consommation finale marchande de l'industrie conduit à une hausse de la production, par ricochet à la croissance industrielle ;
- ✓ **TCFBCF** : la hausse de la FBCF conduit à une hausse de la production, par conséquent à la croissance industrielle.

Avec ces caractérisations des variables, soit le vecteur colonne Z (avec huit séries) tel que :

$$Z' = (TCI, TCTE, TCIMP, TCTNP, TCCI, TCEXP, TCCFM, TCFBCF)$$

Où Z est la transposé de Z. L'équation générale du modèle VAR(h) est :

$$Z_t = A_0 + A_1 \times Z_{t-1} + \cdots + A_h \times Z_{t-h} + \varepsilon_t$$

Avec h le nombre de retards du modèle (à déterminer), $\varepsilon_t = \begin{bmatrix} \varepsilon_t^0 \\ \varepsilon_t^1 \\ \vdots \\ \varepsilon_t^k \end{bmatrix}, A_0 = \begin{bmatrix} a_0^0 \\ a_0^1 \\ \vdots \\ a_0^k \end{bmatrix}$

Et $A_i = \begin{bmatrix} a_{0i}^0 & a_{0i}^1 & \cdots & a_{0i}^k \\ a_{1i}^0 & a_{1i}^1 & \cdots & a_{1i}^k \\ \vdots & \vdots & \cdots & \vdots \\ a_{ki}^0 & a_{ki}^1 & \cdots & a_{ki}^k \end{bmatrix}$ avec $1 \leq i \leq h$

Nous avons la représentation matricielle suivante :

$$\begin{pmatrix} TCI_t \\ TCTE_t \\ TCIMP_t \\ TCTNP_t \\ TCCI_t \\ TCEXP_t \\ TCCFM_t \\ TCFBCF_t \end{pmatrix} = \begin{pmatrix} a_0^0 \\ a_0^1 \\ a_0^2 \\ \vdots \\ a_0^7 \end{pmatrix} + \begin{pmatrix} a_{01}^0 & \cdots & a_{01}^7 \\ a_{11}^0 & \cdots & a_{11}^7 \\ a_{21}^0 & \cdots & a_{21}^7 \\ \vdots & \cdots & \vdots \\ a_{71}^0 & \cdots & a_{71}^7 \end{pmatrix} \times \begin{pmatrix} TCI_{t-1} \\ TCTE_{t-1} \\ TCIMP_{t-1} \\ TCTNP_{t-1} \\ TCCI_{t-1} \\ TCEXP_{t-1} \\ TCCFM_{t-1} \\ TCFBCF_{t-1} \end{pmatrix} + \cdots + \begin{pmatrix} a_{0h}^0 & \cdots & a_{0h}^7 \\ a_{1h}^0 & \cdots & a_{1h}^7 \\ a_{2h}^0 & \cdots & a_{2h}^7 \\ \vdots & \cdots & \vdots \\ a_{7h}^0 & \cdots & a_{7h}^7 \end{pmatrix} \times \begin{pmatrix} TCI_{t-h} \\ TCTE_{t-h} \\ TCIMP_{t-h} \\ TCTNP_{t-h} \\ TCCI_{t-h} \\ TCEXP_{t-h} \\ TCCFM_{t-h} \\ TCFBCF_{t-h} \end{pmatrix} + \begin{pmatrix} \varepsilon_t^0 \\ \varepsilon_t^1 \\ \varepsilon_t^2 \\ \vdots \\ \varepsilon_t^7 \end{pmatrix}$$

Le modèle VAR(h) présenté ci-avant permet de spécifier un modèle vectoriel à correction d'erreur (h-1) ayant pour équation (si la relation de cointégration est acceptée) :

$$\Delta Z_t = B_1 \times \Delta Z_{t-1} + \cdots + B_{h-1} \Delta Z_{t-h+1} + A Z_{t-1} + \varepsilon_t$$

$A = A_1 + \cdots + A_h - I$ et $B_i = \sum_{j=i+1}^{h} -A_j$ avec i = 1, ..., h-1

Attention : les variables utilisées sont prises en valeur marchande (au prix du marché) et non en volume (au prix de base). Cela complique la tâche au niveau des interprétations mais permet d'incorporer la conjoncture économique dans le modèle économétrique implicitement. Il ne s'agit pas seulement de voir les facteurs structurels de la croissance industrielle mais aussi les facteurs conjoncturels qui s'en mêlent dans presque toutes variables macroéconomiques.

La modélisation de la croissance industrielle passe par différentes étapes : étudier l'ordre d'intégration des séries temporelles grâce aux tests de non stationnarité, déterminer le nombre de retards du modèle, tester la cointégration des séries, estimer les paramètres du modèle, tester la normalité et l'autocorrélation des résidus (pour la validation du modèle), tester la causalité entre variables, analyser les résultats et faire des prévisions.

Ainsi, la première étape de la modélisation est d'étudier la stationnarité des séries chronologiques. Le test de Dickey-Fuller permet d'étudier la stationnarité des séries. Pour prendre en compte l'autocorrélation des erreurs, le test de Dickey Fuller Augmenté appelé test Augmented Dickey-Fuller (ADF) a été présenté. Ce dernier suppose que les erreurs suivent une loi normale. Dans le cadre de cette étude, le test ADF sera utilisé. En cas de stationnarité des séries étudiés, il faudra utiliser le modèle VAR pour la suite.

Passée cette étape, la détermination du nombre de retard du modèle donnera le nombre de décalages. Les critères d'information tels qu'Akaike et Schwarz permettent de connaître le nombre de retard du modèle[38].

L'étape suivante consiste à tester l'existence de cointégration des variables lorsque les variables sont non stationnaires. Les tests de cointégration les plus utilisés sont les tests de Johansen (tests de la trace ou de la valeur propre maximale). Les tests de Johansen donnent le nombre de relations de cointégration en procédant séquentiellement à une exclusion d'hypothèses alternatives. Lorsque qu'il n'existe pas de relation de cointégration, le modèle VAR sera utilisé par la suite. Dans ce cas, il faudra stationnariser les séries avant de procéder à des estimations (en les différenciant par exemple). Lorsqu'il existe au moins une relation de cointégration, le modèle vectoriel à correction d'erreur sera utilisé.

Après avoir étudié la cointégration, l'estimation des paramètres donnera les résultats de la modélisation. Lorsque le modèle VAR (donc avec des séries stationnaires) est utilisé, la méthode des MCO équation par équation permettra d'avoir ses coefficients. Par contre, lorsque le modèle MCE (donc avec des séries cointégrées) est utilisé, la méthode du maximum de vraisemblance de Johansen sera privilégiée ; l'existence d'une constante sera admise. Du modèle général peut s'en suivre plusieurs autres modèles spécifiques. En effet, choisissons la variable TCI telle que ce soit égale à la croissance d'une branche d'activité de l'industrie. Nous aurons ainsi un modèle dans chaque branche d'activité[39]. Toutefois, les variables telles que TCIMP, TCEXP, TCCFM et TCCI seront considérées uniquement au niveau de la branche d'activité considérée. Par contre, les variables TCTE, TCFBCF et TCTNP sont des variables de contrôle (donc sans transformation[40]).

---

[38] Ce sera le nombre de retard qui minimise ces critères
[39] Effectivement, le phénomène observé au niveau de l'ensemble du secteur industriel n'est pas forcément observable si l'on se trouve dans une branche d'activité donnée de l'industrie. Nous y reviendrons plus amplement dans le chapitre 8
[40] Il n'existe pas de données désagrégées pour ces variables

S'agissant de la validation du modèle, les tests de Box-Pierce et Ljung-Box utilisés ont pour hypothèse nulle que les résidus soient des bruits blancs. En outre, la normalité des résidus sera étudiée avec le test de Jarque-Bera.

L'étude de la causalité entre variables donnera les variables qui apportent de l'information dans la prédictibilité de la variable d'intérêt. Le test de causalité au sens de Granger sera utilisé ; l'hypothèse nulle étant la non causalité entre les deux variables concernées.

Pour l'analyse des prévisions, deux cas sont étudiés : la décomposition de la variance de l'erreur de prévision et l'analyse des impulsions. Le premier cas a pour but de calculer la contribution de chaque innovation à la variance de l'erreur de prévision. Le second cas consiste à mesurer l'impact d'un choc (dû à la variation d'une innovation) sur les variables d'étude. Tous ceux-ci permettront soit d'expliquer les variations de la variance de l'erreur de prévision du taux de croissance industrielle soit d'analyser l'effet d'un choc économique sur le secteur industriel.

L'application de cette méthodologie de recherche commencera par une présentation du secteur industriel et des politiques industrielles.

Chapitre 4 : Présentation du secteur et des politiques industrielles

Pour toute recherche, il est utile de présenter le milieu d'application. Le Sénégal, pays sur lequel porte cette étude, se trouve en Afrique de l'Ouest. Sa capitale, Dakar regorge la plupart des infrastructures (publiques, industrielles, commerciales, …). Au niveau de l'environnement international, les principaux partenaires du Sénégal pour les exportations sont la France, l'Italie, l'Espagne, le Mali, la Gambie et la Côte d'Ivoire ; les principaux partenaires aux importations sont la France, l'Allemagne, l'Espagne, le Nigeria, la Côte d'Ivoire, les États-Unis et la Thaïlande. Exprimés en volume, les montants des importations et exportations ont progressé en 2012 malgré la dégradation de la balance commerciale (étant égal à - 1746,1 milliards FCFA en 2012 contre -1405,4 milliards FCFA en 2011 selon l'ANSD). Dans ce qui suit, le secteur industriel sénégalais sera présenté. Après la présentation de l'industrie au Sénégal, ce chapitre fera le point sur les politiques industrielles menées depuis l'indépendance.

4.1. PRESENTATION DU SECTEUR INDUSTRIEL SENEGALAIS

L'industrie sénégalaise avec un total de 893 unités (d'après la banque de données économiques et financières de l'ANSD, version définitive 2011 et provisoire 2012) est répartie dans 10 branches d'activité que sont : industries textiles et du cuir, alimentaires, extractives, chimiques, de production d'énergie, de matériaux de construction, mécaniques, du papier et du carton, du bois et autres industries manufacturières. La répartition des entreprises industrielles par branche d'activité est présentée dans le graphique 1.

Il montre que la proportion des industries alimentaires[41] (370 unités) est la plus élevée. Elles sont suivies des industries mécaniques (121 unités) et du papier et du carton (99 unités). Viennent ensuite les branches d'activité ayant des proportions entre 4,5% et 6,5% (matériaux de construction avec 58 unités, industries chimiques avec 54 unités, industries extractives avec 41 unités, production d'énergie avec 48 unités, textile et du cuir avec 40 unités et autres industries manufacturières avec 41 unités).

Graphique 1 : Répartition des entreprises industrielles par branches d'activité en 2012

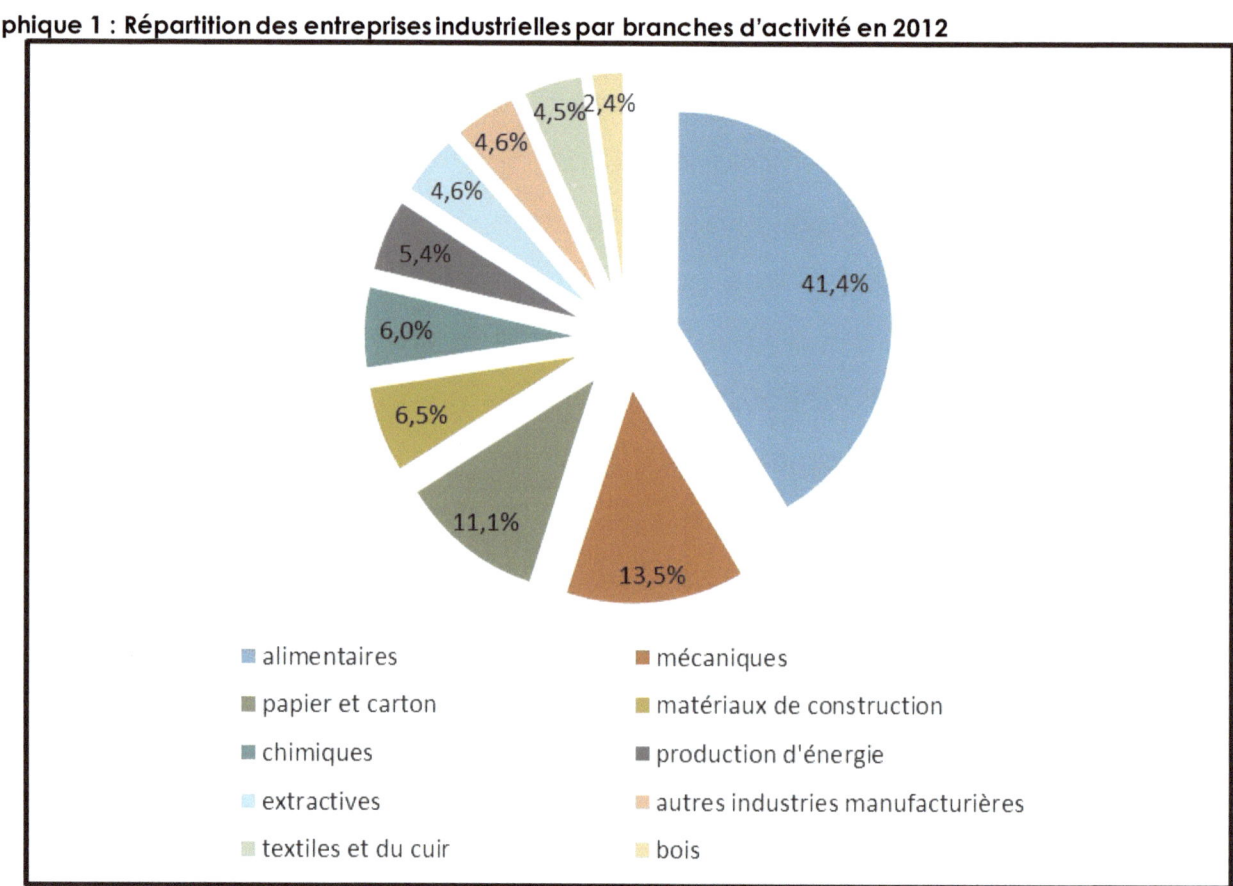

Source : ANSD, Calcul de l'auteur

En outre, les activités industrielles de boulangerie, pâtisserie et pâtes alimentaires (27%), métallurgie et travail des métaux (8%), et transformation des fruits et légumes et fabrication d'autres produits alimentaires (6%) sont les sous-branches ayant le plus d'effectif.

Selon la branche d'activité, les principales productions industrielles ont trait à :

---

[41] avec plus de 41% du total des unités industrielles

- la fabrication du sucre, du lait, de l'huile, du vinaigre, des bouillons d'épices, des aliments de bétail, des produits salés, des produits nutritionnels, du pain, des poissons, des soles et du tabac (industries alimentaires) ;
- la fabrication d'appareils électriques, de machines, d'équipements, de véhicules routiers, le travail des métaux et la métallurgie (industries mécaniques) ;
- les productions de l'imprimerie, la confection des sacs, des emballages et des articles (industries du papier et du carton) ;
- la production du ciment, des plaques, des tuiles, du verre et du clinker (industries des matériaux de construction) ;
- la production d'essence, de gasoil, de fuel, de pétrole, d'acide phosphorique, d'engrais, de savon, d'oxygène industriel, de câbles électriques, de tuyaux PVC, d'emballages plastiques et de compound (industries chimiques[42]) ;
- la production d'électricité, d'eau et de gaz butane (industries de production d'énergie) ;
- la fabrication de l'attapulgite, des gravillons, du sel iodé et du phosphate (industries extractives) ;
- la confection de la fibre en coton, de la graine en coton et des chaussures (industries textiles et du cuir) ;
- la fabrication de mobiliers en bois (industries du bois).

4.2. Politiques industrielles au Senegal

Les politiques industrielles menées au sein de l'industrie sénégalaise peuvent être réparties dans le temps. Elles ont commencé depuis l'indépendance et comprennent essentiellement les politiques industrielles d'avant 1986 (avec les politiques de substitution à l'importation et de promotion de la création des PMI), la Nouvelle Politique Industrielle (NPI) à partir de 1986 et la Politique de Redéploiement Industriel (PRI) à partir de 2004. Le secteur industriel sénégalais a connu aussi des politiques industrielles sous-régionales, régionales et internationales.

---

[42] Les produits pharmaceutiques (camoquine, ferrostane et pastilles) et les produits agrochimiques (phytoliquides et phytopoudres) font partis également des productions des industries chimiques

4.2.1. Les politiques industrielles d'avant 1986

Depuis l'indépendance, différentes stratégies ont été mises en œuvre pour redynamiser le secteur industriel sénégalais dans le cadre des plans de développement économique. Entre 1961 et 1969, la priorité était la création de grandes entreprises industrielles et la mobilité des capitaux dans le but d'une industrialisation substituant les importations (politique de substitution à l'importation). La période 1969-1973 était marquée par un besoin de développement des petites et moyennes entreprises en appuyant l'initiative privée. Ainsi, la Société Nationale d'Études et de Promotion Industrielle (SONEPI) et le fonds de participation et de garantie du système bancaire furent créés. En 1974, le secteur industriel sénégalais fit l'objet de la création de la Zone Franche Industrielle de Dakar (ZFID). Cette dernière devait favoriser entre autres, la création d'emploi et l'essor technologique. Le plan de stabilisation et le Plan de Redressement Économique et Financier (PREF) sont élaborés par le gouvernement de l'époque (1978-1979). Dans ce même ordre d'idée, le concept de filière fut utilisé pour la première fois dans le but de densifier le tissu industriel. Pourtant, la situation économique et sociale du Sénégal était critique après ces différentes politiques menées. Le taux de croissance de la production industrielle a cependant ralenti, passant de 8,1% à 0,3% entre 1981 et 1985[43]. L'industrie connait ainsi des contre-performances impliquant une nouvelle politique du secteur.

4.2.2. La Nouvelle Politique Industrielle (NPI)

Les difficultés du secteur industriel dans les années 1980 ont incité la mise en œuvre de la Nouvelle Politique Industrielle (NPI). C'est ainsi qu'en 1986 la NPI fut élaborée par le gouvernement dans le cadre des Programmes d'Ajustement Structurel (PAS). Cette NPI visait trois objectifs : améliorer la compétitivité du secteur industriel, développer les activités industrielles à forte valeur ajoutée et densifier le tissu industriel. La mise en œuvre de cette nouvelle politique consistait à la rationalisation de la protection des exportations (notamment la suppression des protections non tarifaires), la promotion des investissements, l'amélioration de l'environnement institutionnel et technique des

---

[43] Source : ANSD, Note d'analyse des comptes nationaux en 2012

entreprises, l'accélération de la relance industrielle. A propos de la relance industrielle, il s'agissait de la revitalisation de l'activité économique (notamment les investissements), l'atténuation des disparités de développement industriel dans les régions, la valorisation des capacités locales et la promotion d'industries nouvelles. La stratégie adoptée s'articule autour de deux approches. La première consistait à faire une analyse sectorielle dans le but de définir les filières porteuses de forte valeur ajoutée (pêche, coton-textile, horticole, céréales, élevage et produits dérivés, arachide, canne à sucre, machinisme et outils agricoles, phosphates, emballage, mécanique et pièces de rechange). Pour avoir plus d'efficacité, le développement et la promotion de ces filières sont adaptés à chacune d'elles. La seconde approche consistait à définir des politiques d'accompagnement de la première approche. Ainsi, il consistait à l'amélioration de l'environnement des secteurs productifs (facteurs techniques de production, fiscalité, promotion des exportations, législation sociale) et la politique d'accompagnement axée sur les entreprises productives (promotion des investissements, aide à la restructuration, recherche et développement technologique[44], normalisation et contrôle de qualité)

Cependant, les actions menées avec cette nouvelle politique n'ont pas abouti à de meilleurs résultats. La production industrielle a baissé. Le taux de croissance de la production industrielle est passé de 9% à 4% entre 1986 et 1999 ; la production industrielle a connu des baisses dans les années 1991 (-3%) et 1993 (-8%). À cela s'ajoute les pertes d'emploi et la fermeture de certaines usines. Par conséquent, le Sénégal a décidé de mener une politique de redéploiement industriel du secteur industriel dans les années 2000.

4.2.3. La Politique de Redéploiement Industriel (PRI)

Cette politique industrielle élaborée en 2004 a comme objectif la mise à niveau des entreprises industrielles et le développement endogène. La mise à niveau consiste à élever le degré de performance des entreprises industrielles. Elle renforcera la com-

---

[44] La Technopole de Dakar s'inscrit dans cette même lancée à travers le développement d'un pôle de recherche, la valorisation des résultats de la recherche agro-alimentaire et l'intégration des secteurs de l'agriculture, la pêche et l'industrie pour une meilleure synergie

pétitivité de l'industrie sénégalaise par une amélioration de la capacité concurrentielle des entreprises industrielles face à l'ouverture économique, un accroissement des compétences techniques et des institutions d'appui (en termes de gestion, management et processus de production) et une atteinte des normes standards internationales (en termes de compétitivité, de productivité du travail, de qualité et de protection de l'environnement). Le développement industriel endogène quant à lui concerne la création de Micro, Petites et Moyennes Entreprises (MPME), l'implantation équilibrée des entreprises industrielles dans le territoire national et la valorisation des ressources nationales en vue d'une dynamique. D'après la direction de l'industrie au Sénégal, la stratégie de la PRI s'articule autour des axes ci-après : l'identification des besoins de mise à niveau ; l'élaboration et la réalisation de programmes de mise à niveau ; le suivi et l'évaluation des programmes de mise à niveau ; le développement d'une capacité interne de production faisant de l'industrie de la transformation des ressources (agricoles, pastorales, halieutiques et minières) le principal levier du redéploiement industriel national ; la réalisation de pôles régionaux de redéploiement industriel ; le développement de synergies entre le secteur artisanal et le secteur industriel en vue de constituer une force économique capable d'accélérer la croissance ; le renforcement des aptitudes industrielles nationales en diffusant l'esprit entrepreneurial et en encourageant l'innovation technologique et la propriété industrielle ; l'élaboration d'un schéma directeur de redéploiement industriel. Un dispositif de soutien est prévu pour cette PRI : la mise en place d'un comité de pilotage et d'impulsion, la création d'un environnement technique et réglementaire, le renforcement des capacités des institutions, la promotion de la recherche, l'organisation du financement nécessaire à la mise en œuvre de la politique industrielle. Toutefois, la PRI est confrontée à la modification de l'environnement des entreprises à cause du processus d'intégration de l'Union Économique et Monétaire Ouest Africaine (UEMOA). Cette union a initié une politique industrielle commune.

4.2.4. La Politique Industrielle Commune (PIC) de l'UEMOA

Les pays de l'UEMOA ont adopté en décembre 1999 une Politique Industrielle Commune[45] pour le besoin de la restructuration des unités industrielles, la promotion d'un tissu industriel coordonné, l'amélioration de la compétitivité des entreprises et le développement industriel durable. Les objectifs fixés dans l'acte additionnel portant adoption de la politique industrielle sont définis[46] de la manière suivante :

- ❖ assurer et consolider la compétitivité des entreprises industrielles de l'Union ;
- ❖ accélérer l'adaptation de l'industrie de l'Union aux changements structurels en cours ;
- ❖ préserver et développer les capacités d'exportation des États membres, dans le cadre des nouvelles données du commerce mondial ;
- ❖ encourager la mise en place d'un environnement favorable à l'initiative privée, la création et le développement des entreprises, en particulier des PME/PMI ;
- ❖ favoriser la construction au sein de l'Union d'un tissu industriel fortement intégré en s'appuyant notamment sur les PME/PMI ;
- ❖ favoriser la diversification et la densification du tissu industriel de l'Union.

Cette politique industrielle commune a trois principes : la concurrence, la solidarité et la coopération des pays de l'Union. Elle contribue à l'insertion des économies des membres au processus de mondialisation en donnant naissance à un Tarif Extérieur Commun (TEC) et à une Politique Commerciale Commune (PCC). Ce qui pousse à analyser les effets des politiques industrielles mondiales sur le secteur industriel sénégalais.

---

[45] Ce même type de politique industrielle est initié au sein de la Communauté Économique des États de l'Afrique de l'Ouest (CEDEAO). Il s'agit de la Politique Industrielle Commune de l'Afrique de l'Ouest (PICAO) élaborée en 2007. La CEDEAO déclare dans son document de politique industrielle : « Les objectifs généraux de la PICAO consistent à œuvrer en vue de l'accélération de l'industrialisation de l'Afrique de l'Ouest par le biais de la promotion de la transformation industrielle endogène des matières premières locales, le développement et la diversification des capacités productives industrielles, et le renforcement de l'intégration régionale et des exportations de biens manufacturés. »

[46] Source : Bulletin Officiel de l'Union Économique et Monétaire Ouest Africaine (UEMOA)

4.2.5. Les politiques industrielles mondiales

L'Organisation des Nations Unies pour le Développement Industriel (ONUDI) a pour mission de réduire la pauvreté à travers le développement de l'industrie dans le monde. Les objectifs fixés par cette organisation sont le renforcement des capacités des pays en développement pour accroître leur productivité et leur compétitivité sur les marchés mondiaux et la mise à niveau des entreprises industrielles aux normes standards internationales. C'est à ce titre que l'ONUDI est en collaboration et en partenariat avec des structures et programmes telles que l'Organisation des Nations Unies pour l'Alimentation et l'Agriculture (en anglais FAO), le Fonds International de Développement Agricole (FIDA), le Programme des Nations Unies pour le Développement (PNUD), l'Organisation Mondiale du Commerce (OMC), la Conférence des Nations Unies sur le Commerce et le Développement (CNUCED), la Commission Européenne (CE), l'Organisation Internationale de Normalisation (en anglais ISO), le Programme des Nations Unies pour l'environnement (PNUE) et le Fonds multilatéral pour l'application du Protocole de Montréal. Dans le rapport sur le développement industriel publié en 2013, les politiques industrielles de l'ONUDI sont centrées sur le changement structurel. L'industrialisation devant générer des emplois passera selon l'ONUDI par une coopération internationale. Cela n'enlève en rien au fait que « chaque pays doit suivre sa propre voie d'apprentissage en combinant l'expérimentation en matière de politique industrielle avec une évaluation d'impact rigoureuse pour générer une base de constatations factuelles permettant de déterminer les mesures de politique industrielle qui fonctionnent ». Les principaux instruments de politiques industrielles mondiales sont les incitations budgétaires, le marché financier fonctionnel assurant la promotion des investissements et la stimulation de l'activité économique[47] par l'État. Le Sénégal a bénéficié quant à lui, d'un Programme Intégré (en deux phases) de la part de l'ONUDI (avec comme bailleurs Agence Française de Développement, PNUD, Autriche, Union européenne, Luxembourg, ...). La seconde phase (de 2004 à 2008) visait la mise à niveau des industriels ainsi que les micros et petites entreprises (MPE).

---

[47] L'État intervient sur différents marchés en tant que consommateur. Ce qui lui permet de protéger l'industrie locale contre la concurrence étrangère et d'améliorer la compétitivité de certains sous-secteurs industriels. Aussi, l'État participe au développement industriel par l'entremise des entreprises publiques et parapubliques

Deuxième partie : Caractéristiques du secteur industriel sénégalais et analyse économétrique de la croissance industrielle

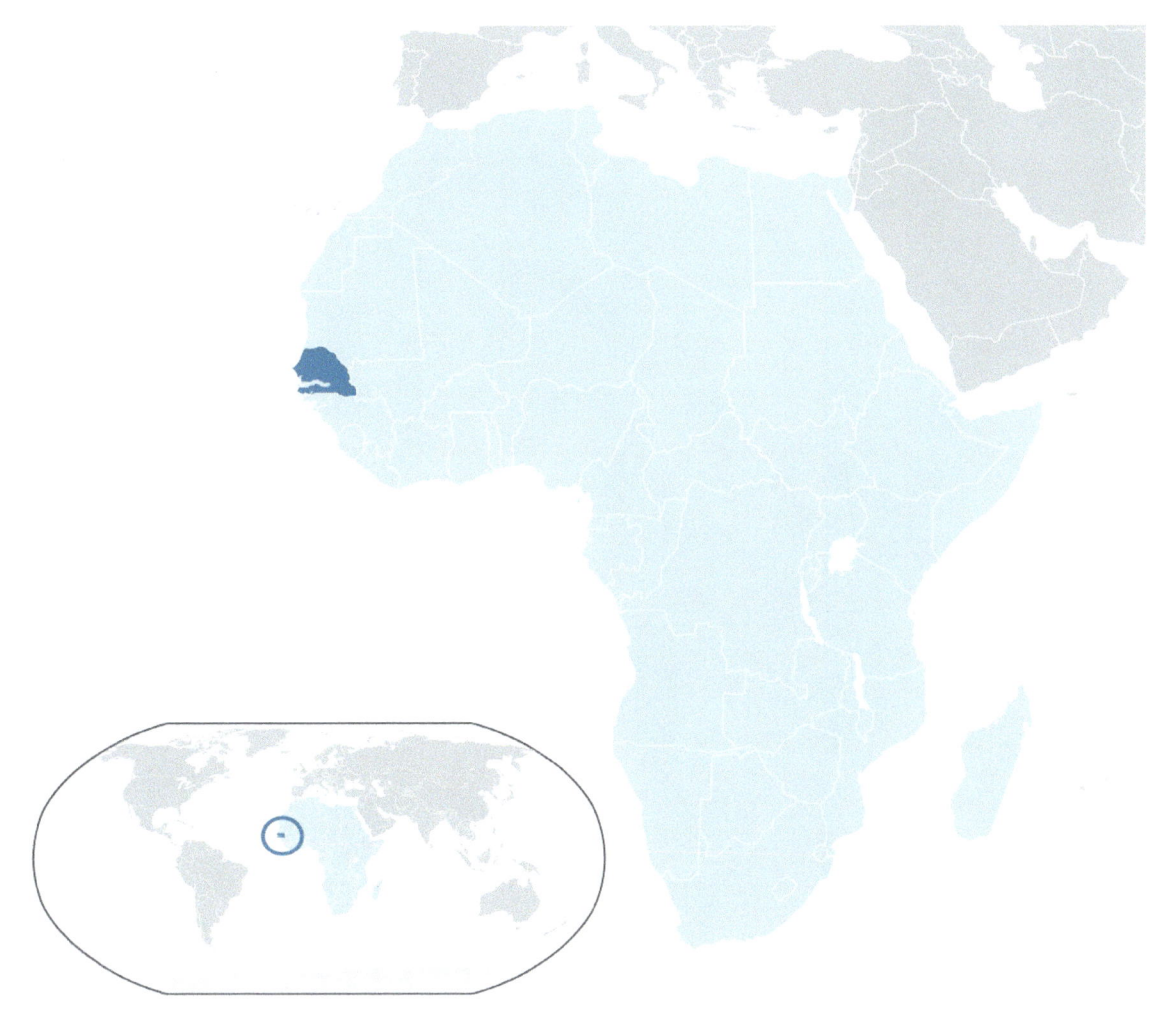

Chapitre 5 : Analyse exploratoire sectorielle de l'industrie

Cette analyse exploratoire sectorielle se divise en deux parties : une première consacrée à l'analyse unidimensionnelle et une seconde à l'analyse multidimensionnelle. La première partie de ce chapitre sera donc consacrée à la statistique descriptive univariée de certaines variables retenues dans notre étude. La seconde partie donnera lieu à l'analyse des relations entre les variables d'intérêt et les autres variables de l'étude.

5.1. L'EVOLUTION DE LA VALEUR AJOUTEE ET LA PRODUCTION INDUSTRIELLE

Le poids de l'industrie sénégalaise est mesuré par la part de la valeur ajoutée industrielle dans le PIB nominal. Le graphique 2 montre que cette part varie entre 15% et 19% depuis 1980. Le poids de l'industrie a une tendance à la hausse de 1980 à 1997 (il est passé de 15,9% en 1982 à 18,5% en 1997 du fait de la suppression des protections non tarifaires et la promotion des investissements) puis à la baisse de 1998 à 2012 avec de légers pics en 2002 (un maximum local de 18,3%) et en 2008 (atteignant son niveau le plus bas avec 15,3%).

Graphique 2 : Evolution de la part de la valeur ajoutée industrielle dans le PIB nominal

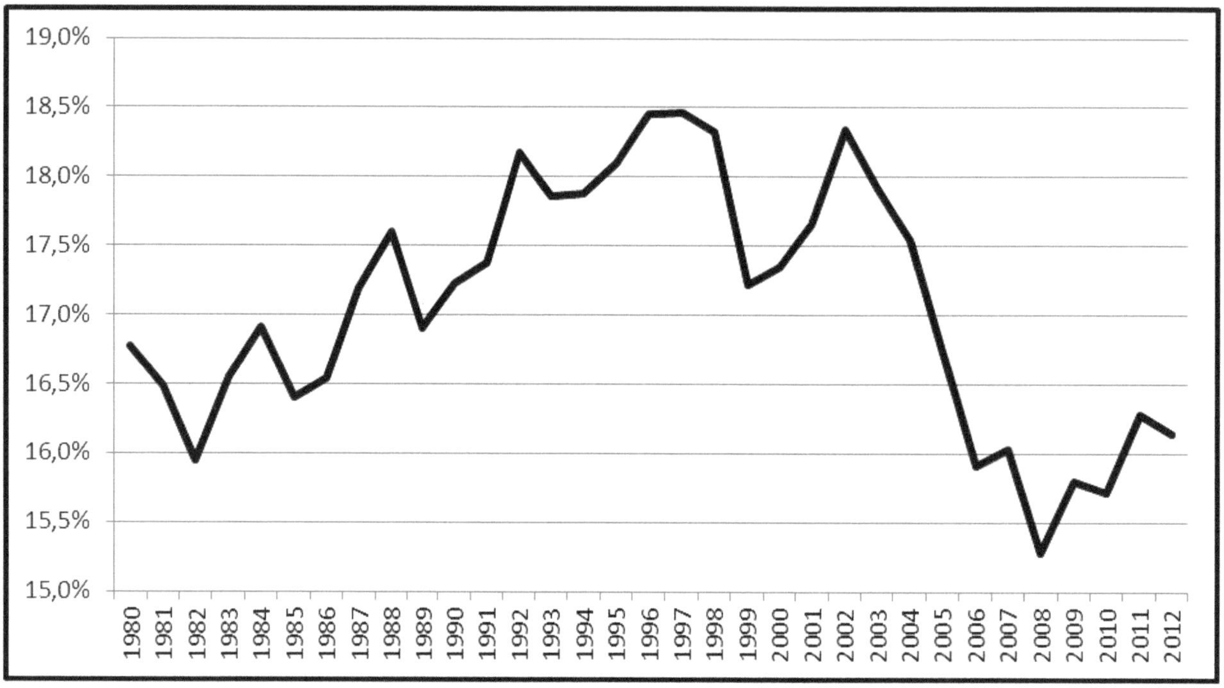

Source : ANSD, Calcul de l'auteur

Le résultat obtenu en 2008 s'explique par la situation de crise économique et financière qui a eu des conséquences néfastes sur les pays développés ; les intrants ne sont plus produits en continue et en quantité accessible aux entreprises locales. L'évolution du poids industriel (valeur ajoutée industrielle sur PIB nominal) a été influencée par la variation dans le temps de la production du secteur de l'industrie.

En comparant le Sénégal aux autres pays de l'Union Économique et Monétaire Ouest- Africain (UEMOA), le graphique 3 indique une part élevée de la valeur ajoutée industrielle[48] (en pourcentage du PIB) du pays par rapport au Burkina-Faso, au Mali, au Niger et au Togo de 2007 à 2011. En outre, le Bénin est dans la même catégorie que ces derniers pays (avec une part de 13% en 2010 contre 23% pour le Sénégal). Par contre, la Côte d'Ivoire a eu une part de valeur ajoutée industrielle en pourcentage du PIB de 26% en 2008 alors que le Sénégal n'a obtenu que 23% cette même année.

---

[48] Les activités industrielles prises par la Banque Mondiale comprennent la construction, la production d'eau, d'électricité, de gaz, etc.

Chapitre 5 : Analyse exploratoire sectorielle de l'industrie 73

Graphique 3 : Evolution de 1980 à 2012 de la valeur ajoutée industrielle (en % du PIB) de certains pays de l'UEMOA

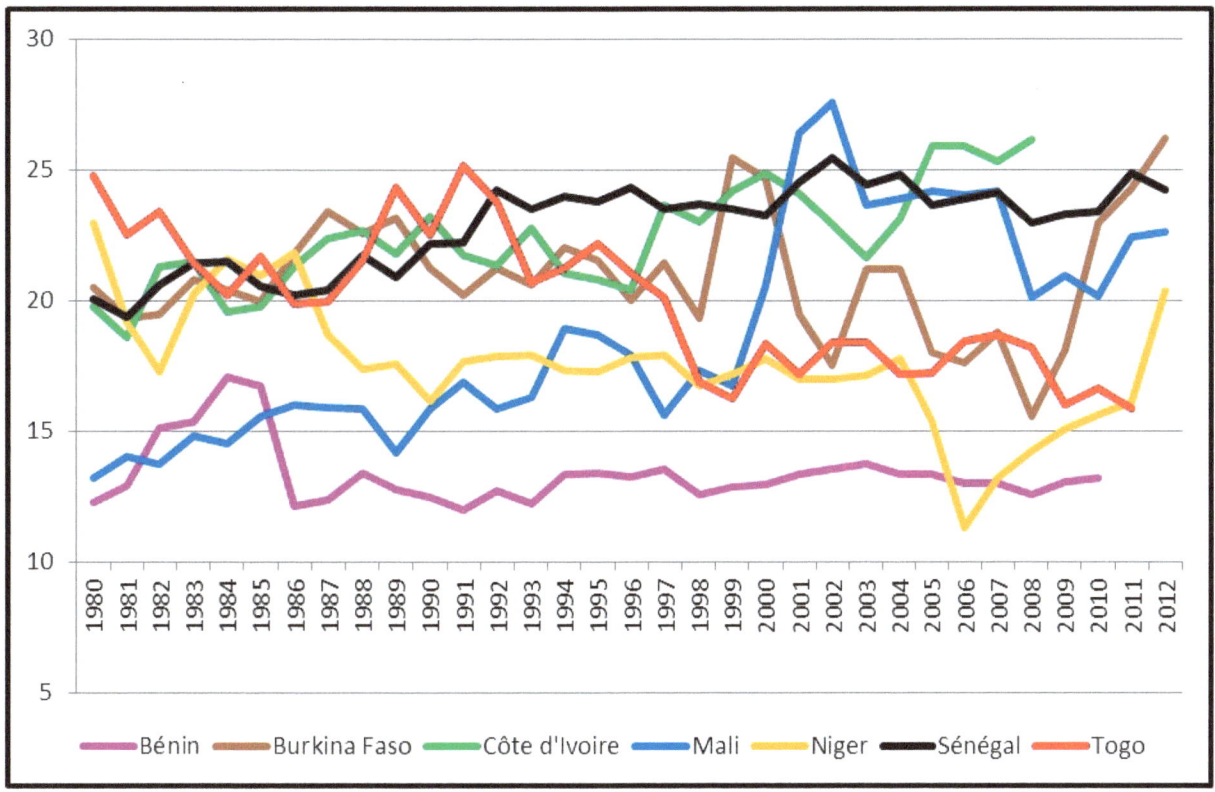

Source : Banque Mondiale en 2014

Le taux de croissance industrielle fluctue entre -3% (2006) et 10% (1987[49]) avec en moyenne, une valeur de 3% sur la période 1980-2012. Ce taux dépasse rarement les 6% (quatre années seulement depuis 1981). Le taux de croissance de la production industrielle varie entre -8% et 44% durant la période 1980-2012 (avec en moyenne une valeur de 8%).

Tableau 1 : Statistiques descriptives sommaires (en %) des taux de croissance industrielle et production industrielle

Variables	Minimum	Maximum	Moyenne	Écart-type	Coefficient d'asymétrie
TCI	-2,6	10,3	3,1	2,89	-0,018
TPI	-8,4	43,9	8,1	9,86	1,585

Source : ANSD, Calcul de l'auteur

---

[49] Les résultats de 1987 du taux de croissance industrielle sont dus en grande partie à la NPI

Le taux de croissance industrielle évolue en dent de scie de 1981 à 2012. Le graphique 4 montre que la croissance de la valeur ajoutée industrielle a connu deux pics importants (-2,6% en 2006 et 10,3% en 1987).

Graphique 4 : Evolution du taux de croissance industrielle

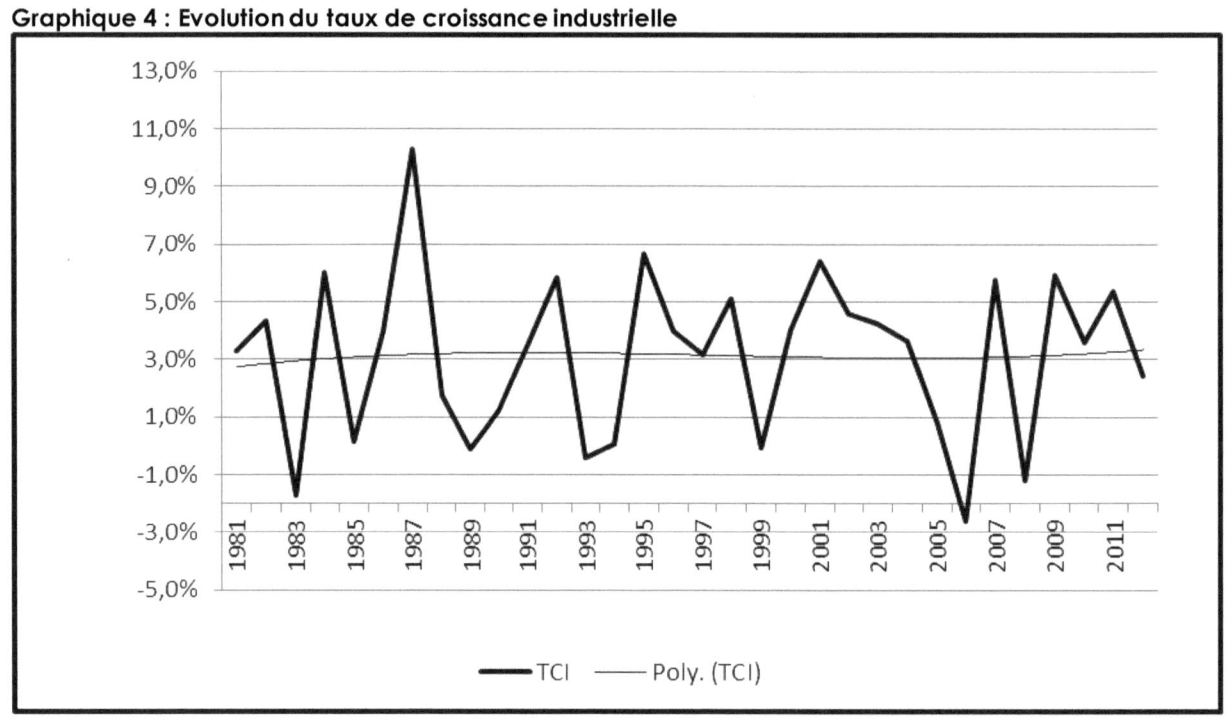

Source : ANSD, Calcul de l'auteur

Le graphique 5 indique une production industrielle avec une tendance baissière de 1981 (8%) à 1993 (-8%). Après la forte hausse obtenue en 1994 (44%) à cause de la dévaluation du franc CFA puis celle moins forte de 2007 (avec 20%), ce même taux a une tendance à la baisse de 1995 à 2012.

Graphique 5 : Evolution du taux de production industrielle

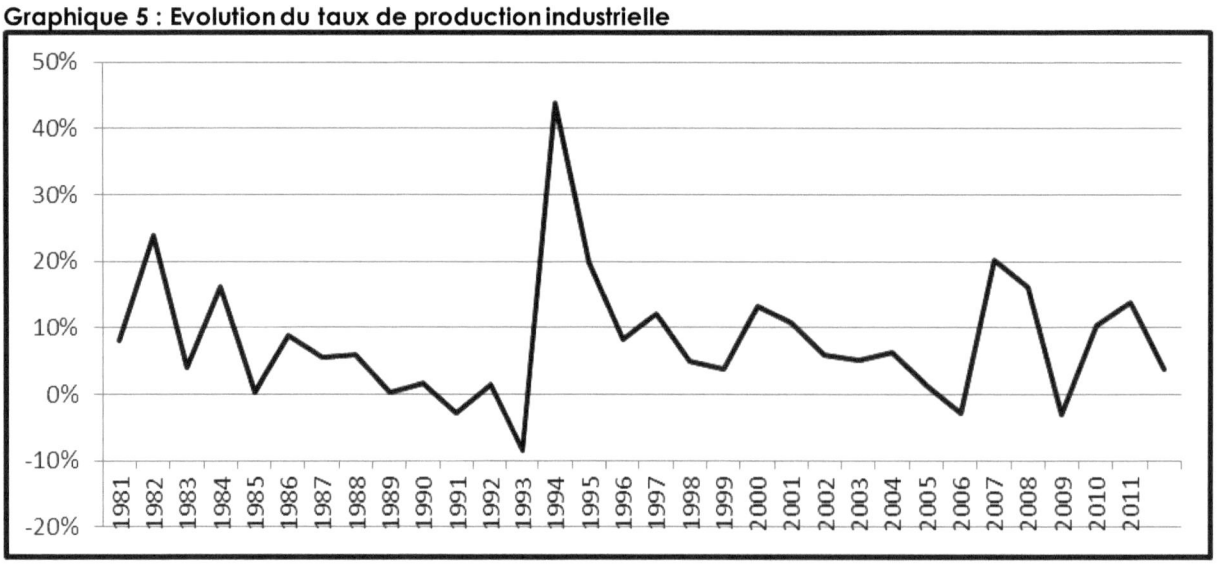

Source : ANSD, Calcul de l'auteur

Cette dévaluation de 1994 devait permettre entre autres, l'amélioration de la compétitivité des entreprises (augmentant les exportations), l'augmentation du pouvoir d'achat des consommateurs et la réduction du déficit budgétaire. Un mauvais suivi de cet outil de politique économique a fait qu'il n'a pas permis au tissu industriel de se développer.

5.2. L'EVOLUTION DU CHIFFRE D'AFFAIRES DES ENTREPRISES INDUSTRIELLES

Le milieu où évoluent les entreprises industrielles est caractérisé par un taux de croissance moyen du chiffre d'affaires de 7% entre 1997 et 2012. D'après le graphique 6, ce taux est minimal en 2009 (9%) et maximal en 2008 (17%). En revanche, son évolution ne suit aucune tendance (il oscille autour de sa moyenne avec un coefficient de variation de 40%).

Graphique 6 : Evolution du taux de croissance du chiffre d'affaires de 1998 à 2012

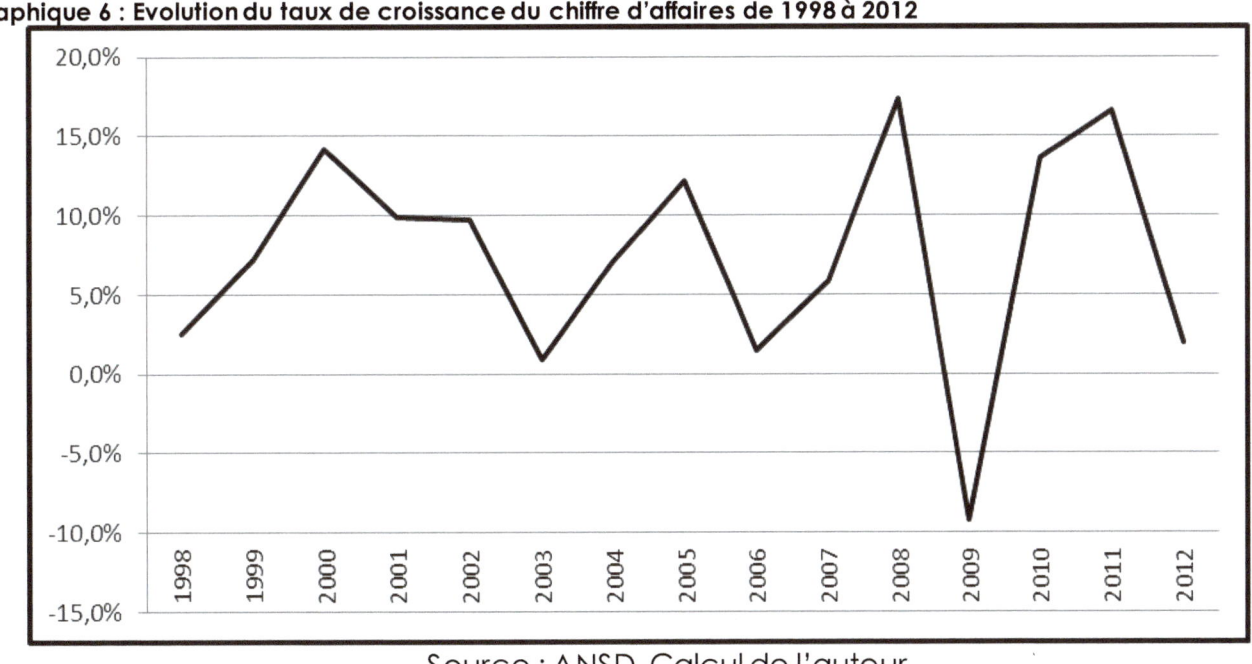

Source : ANSD, Calcul de l'auteur

Le tableau en annexe 1 présente quelques statistiques descriptives sommaires de **l'environnement des entreprises industrielles** pouvant expliquer leurs niveaux de chiffre d'affaires. Les frais de recherche et de développement, l'EBE, les emprunts, les charges d'exploitation et les matières premières et autres approvisionnements ont eu des taux de croissance moyens relativement égaux à 9% (entre 8% et 10% plus exactement). Les subventions d'investissement ont connu une importante hausse en 2003 (plus de 400%) malgré la baisse en 2002 (-75%). En moyenne, le taux de croissance des subventions d'investissement est de 28% avec un coefficient de variation de 30%. L'EBE a connu deux hausses importantes en 2002 (98%) et 2009 (89%) expliquées par l'environnement des affaires favorable aux investissements.

5.3. L'ÉVOLUTION DE LA CONSOMMATION FINALE MARCHANDE ET LA CONSOMMATION INTERMÉDIAIRE DU SECTEUR INDUSTRIEL

D'après le graphique 7, la consommation finale marchande de l'industrie a connu sa hausse la plus importante de 20,4% en 1982. La consommation finale marchande a connu aussi d'autres hausses remarquables en 1986 et 1987. Les deux baisses les plus importantes de la consommation finale marchande sont obtenues en 1981 (-7,5%) et 1994 (-5,4%). L'évolution du taux de croissance de la consommation finale marchande est pourtant quasi-stable (il varie entre -5,4% et 10,1%) de 1983 à 2007 avec une moyenne de 3%. Sur la période 2008-2012, le taux de croissance de la consommation finale marchande est très faible. A part l'année 2012 où ce taux est de 3%, la croissance de la consommation finale marchande varie entre -0,6% et 0,7%.

En revanche, le taux de croissance de la consommation intermédiaire du secteur industriel devient maximal en 1986 et 2003 (atteignant environ 10%). Ses baisses les plus remarquables sont obtenues en 1985 (-2,1%) et 1993 (-2,8%). La consommation intermédiaire entre 1980 et 2012 a cependant évolué en dents de scie avec un écart-type de 4%. En moyenne, le taux de croissance de la consommation intermédiaire est de 3,8% durant cette période.

Graphique 7 : Evolution des taux de croissance de la consommation finale marchande et la consommation intermédiaire de 1981 à 2012

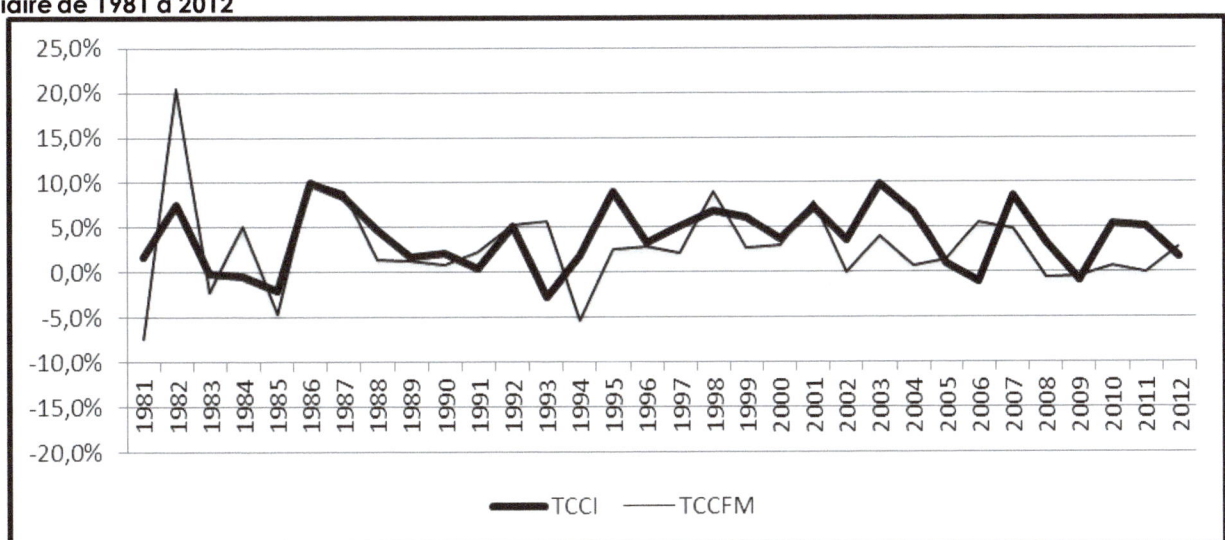

Source : ANSD, Calcul de l'auteur

Le graphique ci-dessus montre que le taux de croissance de la consommation finale marchande de l'industrie en valeur absolue est supérieur à celui de la consommation intermédiaire pour les années anciennes qu'à partir de 2000.

5.4. LA COMPETITIVITE DU SECTEUR INDUSTRIEL

Le graphique 8 est une illustration de l'évolution du taux de croissance des termes de l'échange de 1981 à 2012. Deux périodes sont à considérer. La première commence de 1981 à 1994. Dans cette période, le taux de croissance des termes de l'échange fluctue fortement en atteignant son maximum en 1985 (16,3%) et son minimum en 1994 (21,5%). La seconde période débute de 1995 à 2012. Durant cette phase, le taux de croissance des termes de l'échange varie faiblement entre -7,9% (2008) et 7,1% (2009) avec un écart type de 0,04. Sa tendance est légèrement baissière dans cette période.

Graphique 8 : Evolution du taux de croissance des termes de l'échange de 1981 à 2012

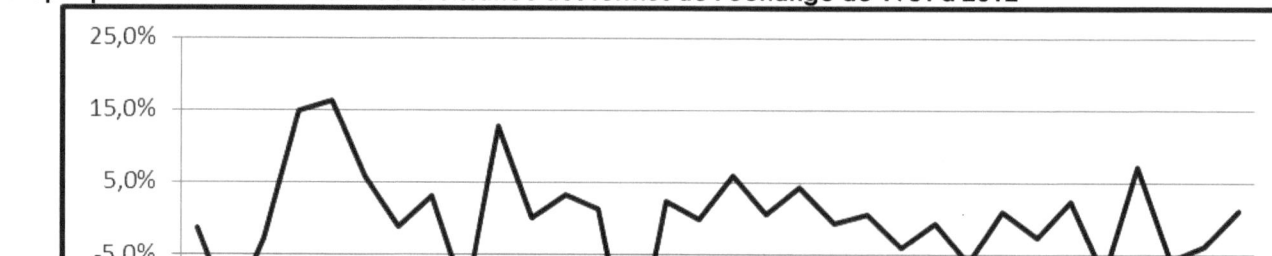

Source : ANSD, Calcul de l'auteur

S'agissant de l'évolution des exportations et des importations, deux années méritent une attention particulière. L'année 1994 est marquée par un taux de croissance des importations allant jusqu'à -20,1%. En 2000, le taux de croissance des exportations a connu un pic de 46,9%. Le graphique ci-dessus montre aussi qu'à part ces deux années les taux de croissance des importations et des exportations sont relativement stables (en moyenne égaux à 4,7% pour les exportations et 3,7% pour les importations).

Graphique 9 : Evolution des taux de croissance des exportations et des importations industrielles de 1981 à 2012

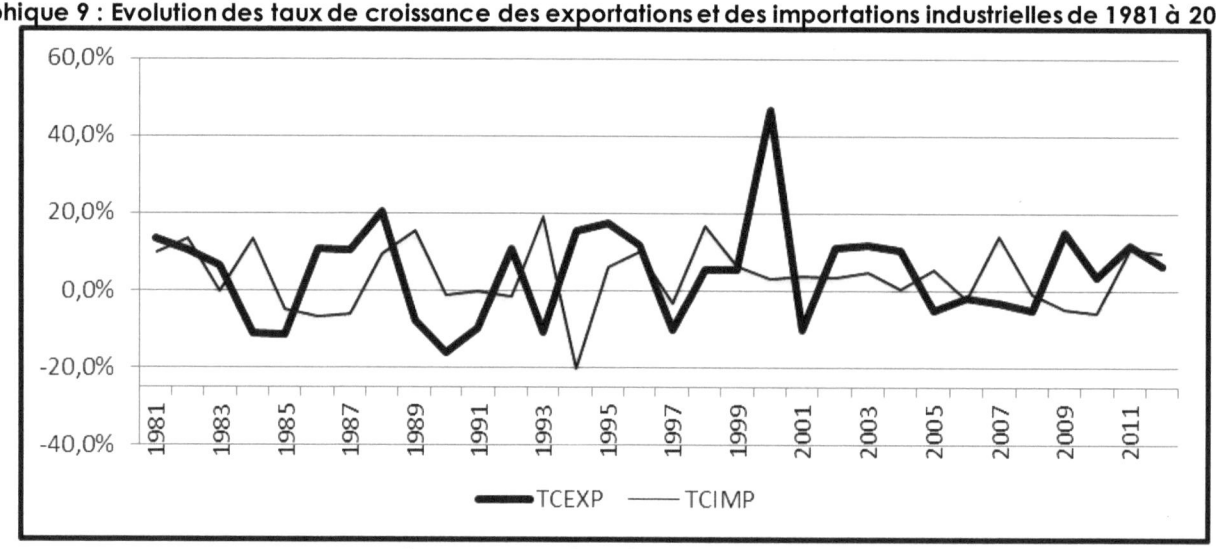

Source : ANSD, Calcul de l'auteur

5.5. ANALYSE DESCRIPTIVE BIVARIEE

La statistique descriptive multivariée étudie la relation entre les variables TCI et TPI avec les autres variables de l'étude économétrique (TCCI, TCEXP, TCIMP, TCTE, TCCFM, TCFBCF, TCTNP).

5.5.1. Relations entre les variables d'intérêt et les autres variables

Le tableau suivant montre une relation positive[50] entre le TCI et les autres variables d'étude. Les TCCI, TCCFM et TCTNP ont une liaison positive plus forte avec TCI que les autres variables. Le coefficient de corrélation maximal est atteint avec la variable TCCI (0,57).

Tableau 2 : Relation entre les variables TCI et TPI avec les autres variables d'étude

	TCCI	TCCFM	TCTNP	TCEXP	TCIMP	TCFBCF	TCTE
TCI	0,569	0,372	0,371	0,281	0,080	0,083	0,169
TPI	0,368	-0,432	-0,158	0,305	-0,406	-0,082	-0,545

Source : ANSD, Calcul de l'auteur

S'agissant de la production industrielle, deux cas sont à présenter : le cas d'une corrélation positive entre TPI et certaines variables d'étude (TCCI, TCEXP) et le cas d'une corrélation négative entre TPI et d'autres variables (TCCFM, TCTNP, TCIMP, TCFBCF, TCTE). La relation entre TPI et les autres variables est moins forte pour TCFBCF (-0,08) et TCTNP (-0,16) que les autres. Par contre, elle est plus forte pour TCTE (-0,55), TCCFM (-0,43) et TCIMP (-0,41).

5.5.2. Corrélations entre les variables d'étude

La matrice de corrélation ci-après montre une forte relation d'une part, entre TCTNP et TCCFM (0,78) et d'autre part, entre TCTNP et TCFBCF (0,69). Pour rappel, l'analyse de la relation entre la variable d'intérêt (TCI) et les autres variables avait montré une corrélation positive entre TCI et TCCI (0,57). Une relation un peu moins forte est constatée entre les couples de variables TCCI et TCCFM (0,47), TCCI et TCTNP (0,46), TCTNP et TCIMP (0,40).

---

[50] Il s'agit en fait de la corrélation linéaire entre variables

Tableau 3 : Matrice de corrélation des variables

	TCI	TCCI	TCCFM	TCTNP	TCEXP	TCIMP	TCFBCF	TCTE
TCI	1,000	**0,569**	0,372	0,371	0,281	0,080	0,083	0,169
TCCI		1,000	**0,472**	**0,460**	0,324	0,021	0,103	-0,161
TCCFM			1,000	**0,780**	-0,007	0,316	0,343	-0,028
TCTNP				1,000	-0,049	**0,404**	**0,695**	-0,160
TCEXP					1,000	-0,098	-0,021	-0,299
TCIMP						1,000	0,360	0,110
TCFBCF							1,000	-0,151
TCTE								1,000

Source : ANSD, Calcul de l'auteur

Les corrélations positives entre TCTNP et TCCFM ou TCTNP et TCFBCF s'expliquent par le fait que l'augmentation de la consommation finale marchande et des investissements notamment du secteur industriel induit à une hausse du montant des taxes collectées sur les produits.

Chapitre 6 : Analyse comparative des branches d'activité de l'industrie

Cette étude descriptive détaillée comprend l'analyse de la valeur ajoutée et de la production par branche d'activité de l'industrie sénégalaise. Il s'agira ensuite de faire l'analyse comparative de la consommation finale marchande et de la consommation intermédiaire. La compétitivité des entreprises industrielles, à travers les exportations et les importations des branches d'activité, sera aussi étudiée.

6.1. ANALYSE DE LA VALEUR AJOUTEE DES BRANCHES D'ACTIVITE DE L'INDUSTRIE

6.1.1. La contribution des branches d'activité à la création de la richesse nationale

Du fait de l'hétérogénéité des firmes sénégalaises, la structure de la valeur ajoutée de l'industrie n'est pas homogène. Les industries alimentaires représentent la branche d'activité ayant le plus gros poids dans la valeur ajoutée industrielle en 2012 (32,7%). Dans cette branche d'activité, ce sont la transformation et la conservation de viande et poisson (2,9%) et la fabrication de produits alimentaires céréaliers (0,6%) qui occupent la première place dans la contribution à la valeur ajoutée industrielle (voir annexe 2).

Le graphique 11 indique quatre autres branches d'activité de l'industrie à forte valeur ajoutée. Il s'agit des industries de production d'énergie (15,1%), des industries chimiques (10,8%), des industries des matériaux de construction (8,4%) et des industries textiles et du cuir (7,8%).

Graphique 10 : Structure de la valeur ajoutée de l'industrie en 2012

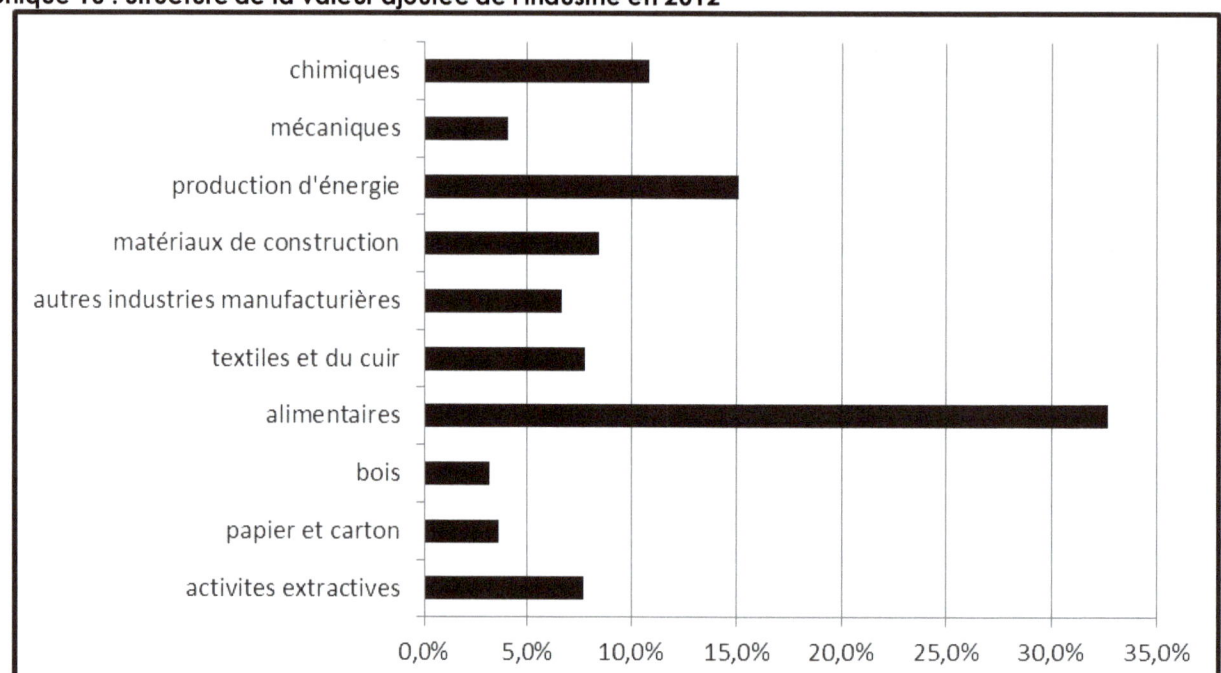

Source : ANSD, Calcul de l'auteur

L'annexe 3 montre que les activités extractives contribuent à hauteur de 0,1% au taux de croissance du PIB[51] en 2012.

6.1.1. L'évolution de la valeur ajoutée de certaines branches d'activité

Le taux de croissance de la production d'énergie est pratiquement stable dans le temps. Il oscille entre -8% et 21% de 1981 à 2012. Depuis 2001, sa tendance est légèrement à la baisse. Le graphique ci-après indique aussi un pic du taux de croissance de la valeur ajoutée des activités extractives (51%) en 2009. La valeur minimale prise par ce taux est obtenue en 2005 (-18%). En 1981, la valeur ajoutée des industries textiles et du cuir a augmenté de plus de 22%. Le graphique 13 indique que le taux de croissance de la valeur ajoutée de cette branche d'activité est environ égal à -10% en 1983.

---

[51] Il en est de même pour la production d'énergie qui contribue plus de 0,1% à la croissance économique depuis 2009

Chapitre 6 : Analyse comparative des branches d'activité de l'industrie 83

Graphique 11 : Evolution des taux de croissance de la valeur ajoutée des industries extractives et de l'énergie

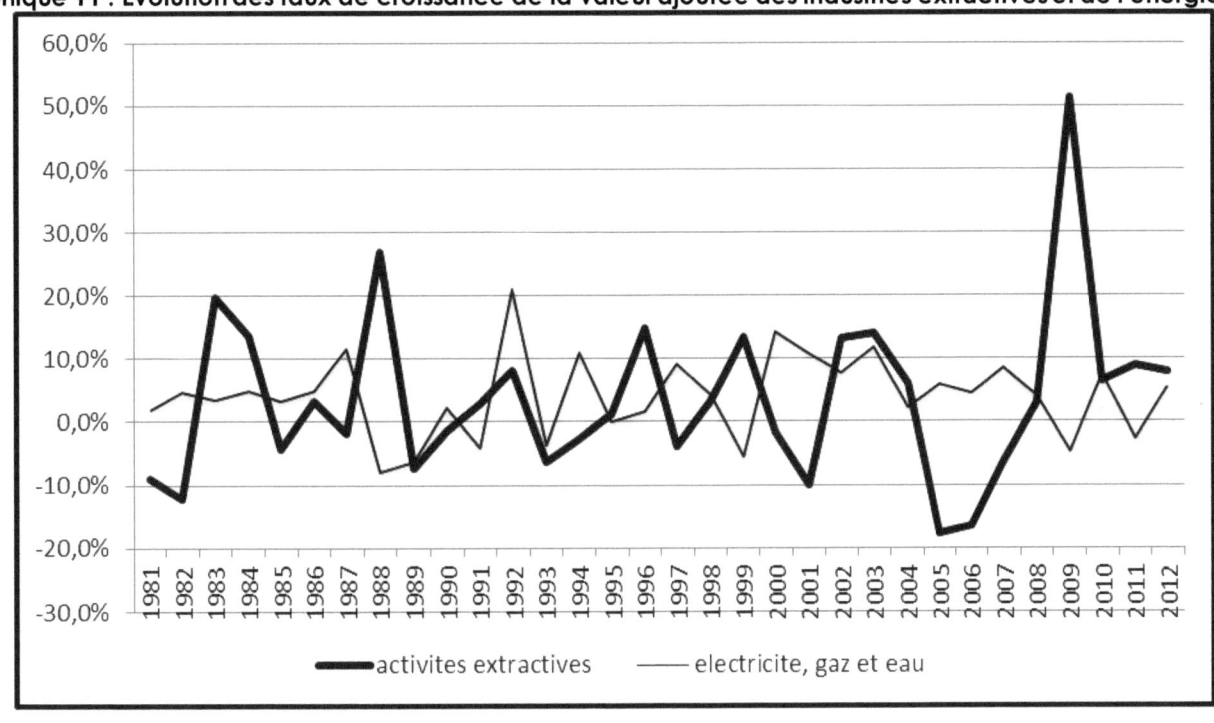

Source : ANSD, Calcul de l'auteur

La période 1984-2012 est caractérisée par un taux de croissance de l'activité des industries textiles et du cuir sans tendance linéaire.

Graphique 12 : Evolution des taux de croissance de la valeur ajoutée des industries alimentaires et textiles et du cuir

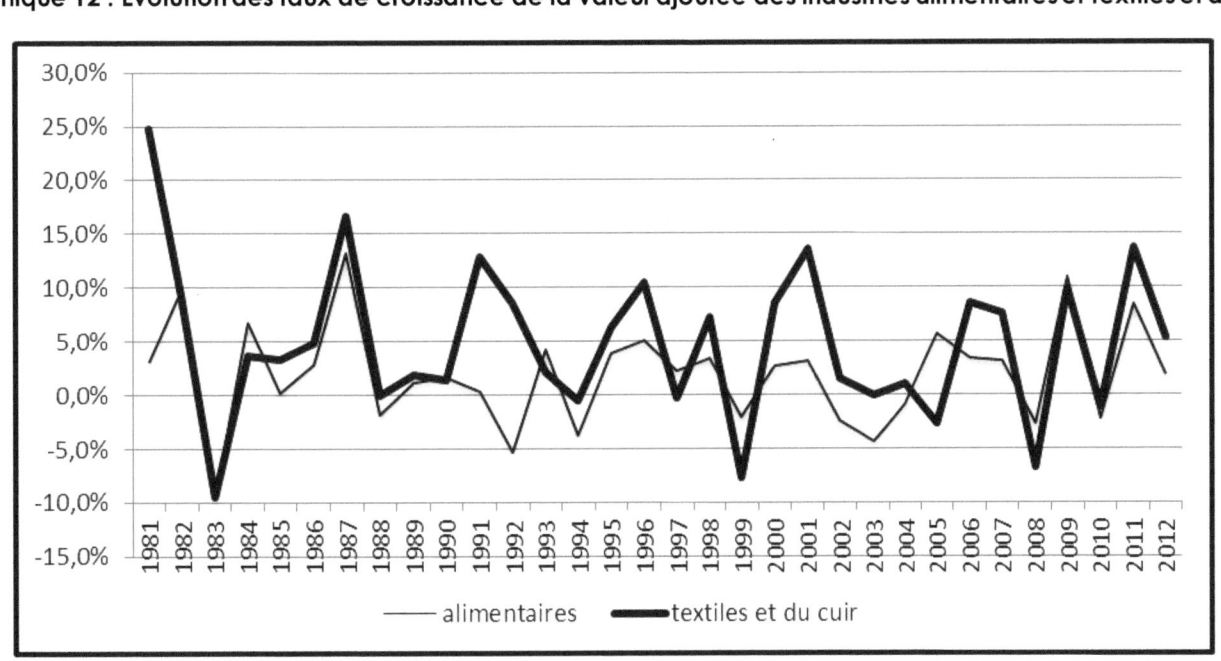

Source : ANSD, Calcul de l'auteur

En ce qui concerne les industries alimentaires, le taux de croissance de la valeur ajoutée le plus bas est obtenu en 1983 (-9%) tandis que celui le plus élevé apparait en 1987 (13%). A partir de cette année jusqu'en 2012, l'évolution de la valeur ajoutée des industries alimentaires est relativement constante.

Par ailleurs, le graphique 13 révèle une forte baisse de la valeur ajoutée des industries chimiques en 2006 (32%). Avant l'année 2006, le taux de croissance de la valeur ajoutée de cette branche d'activité a connu de fortes fluctuations (surtout entre 1990 et 2003).

Graphique 13 : Evolution des taux de croissance de la valeur ajoutée des industries mécaniques et chimiques

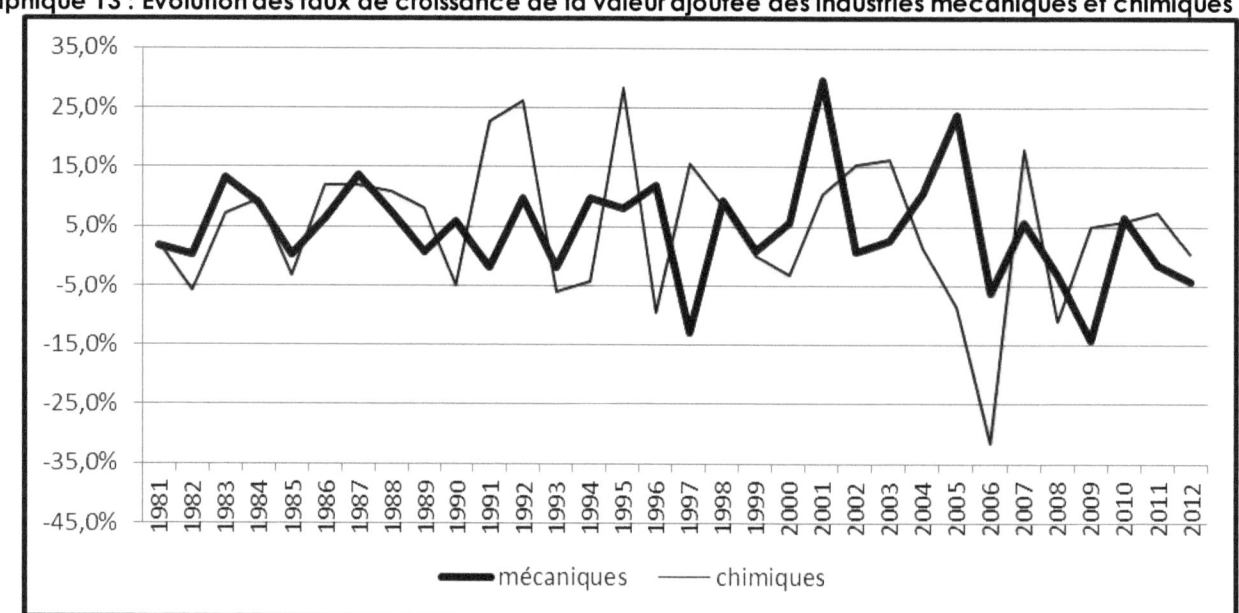

Source : ANSD, Calcul de l'auteur

Les industries mécaniques ont connu un taux de croissance d'activité modéré de 1981 à 1996. La période 2001-2005 dénote une forte croissance[52] de la valeur ajoutée de la branche d'activité. A partir de 2005, le taux de croissance de la valeur ajoutée des industries mécaniques a une tendance baissière.

Bien qu'ayant eu une forte baisse en 1989 (-13%) et une légère hausse en 1992 (20%), le graphique 14 signale un taux de croissance de la valeur ajoutée des industries du bois relativement stable entre 1993 et 2012 (autour de 4%).

---

[52] Le taux de croissance de la valeur ajoutée des industries mécaniques pour les années 2001 et 2005 est respectivement égal à 30% et 24%

Graphique 14 : Evolution des taux de croissance de la valeur ajouté des industries du bois et du papier et du carton

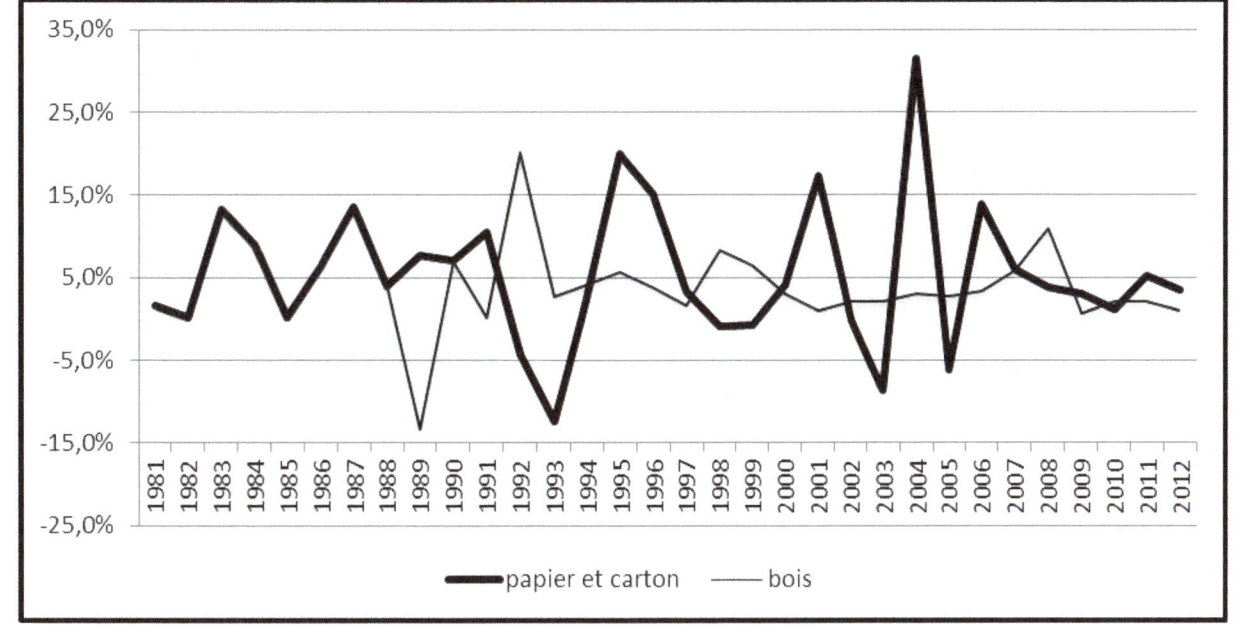

Source : ANSD, Calcul de l'auteur

D'après le graphique 14, les industries du papier et du carton évoluent en dent de scie de 1990 à 2006. Le graphique montre aussi une hausse remarquable du taux de croissance de la valeur ajoutée en 2004 (31%). De 2007 à 2012, ce taux a une tendance baissière.

6.2. ANALYSE DE LA PRODUCTION DES BRANCHES D'ACTIVITE DE L'INDUSTRIE

6.2.1. La structure de la production industrielle

La production du secteur industriel est essentiellement composée de celle des industries chimiques (31%) et alimentaires (24%). Le graphique 15 de la structure de la production industrielle fait aussi ressortir une production importante dans les branches d'activité telles que la production d'énergie (14%), les matériaux de construction (9%) et les activités extractives (9%). Les industries textiles et du cuir (2%), ayant pourtant une forte valeur ajoutée, ne produisent pas assez par rapport aux autres branches d'activité cités précédemment.

Graphique 15 : Structure de la production industrielle en 2012

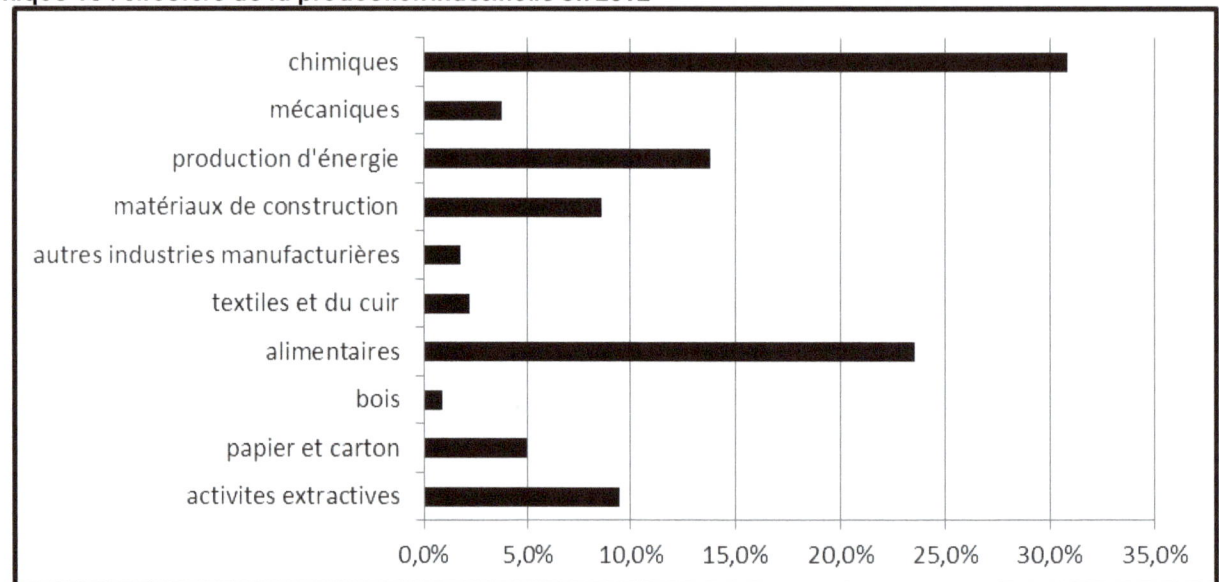

Source : ANSD, Calcul de l'auteur

Les industries mécaniques tout comme celles du papier et du carton sont des branches d'activité ayant un faible poids dans la production industrielle. Il en est de même des industries du bois et des autres industries manufacturées.

6.2.2. L'évolution de la production de quelques branches d'activité de l'industrie

De 1982 à 1993, les taux de croissance de la valeur ajoutée des industries alimentaires, du papier et du carton, textiles et du cuir, mécaniques ont diminué. Il est passé de 68% à -8% durant cette période pour les industries alimentaires. Il en est de même pour les industries mécaniques (de 12% à -8%), textiles et du cuir (de 11% à -10%) et du papier et carton (de 12% à -13%). De 1995 à 2012, le TPI ne cesse de baisser pour les industries alimentaires, textiles et du cuir et du bois. Les graphiques de l'évolution de la production industrielle (voir annexe 4) décèlent aussi une constance des taux de croissance de la valeur ajoutée des activités extractives et des industries de l'énergie entre 1980 et 2012 (mis à part la forte hausse des industries extractives en 2009 allant jusqu'à 105%). Le taux de croissance de l'activité des industries chimiques quant à lui est passé de 46% à -37% entre 1995 et 2006. Cette branche d'activité inscrit sa plus forte augmentation de la valeur ajoutée en 2007 avec 63%.

6.3. ANALYSE DE LA CONSOMMATION FINALE MARCHANDE ET LA CONSOMMATION INTERMEDIAIRE DES BRANCHES D'ACTIVITE DE L'INDUSTRIE

6.3.1. Structure de la consommation industrielle locale

La consommation finale marchande de produits des industries alimentaires dominent largement dans le total des produits industriels (soit une part dépassant 60% en 2012). La prépondérance de la consommation finale marchande des produits de l'énergie, des industries chimiques et des industries textiles et du cuir est aussi une caractéristique du secteur industriel (environ 9% dans ces branches d'activité).

Graphique 16 : Structure de la consommation industrielle locale (CFM et CI) en 2012

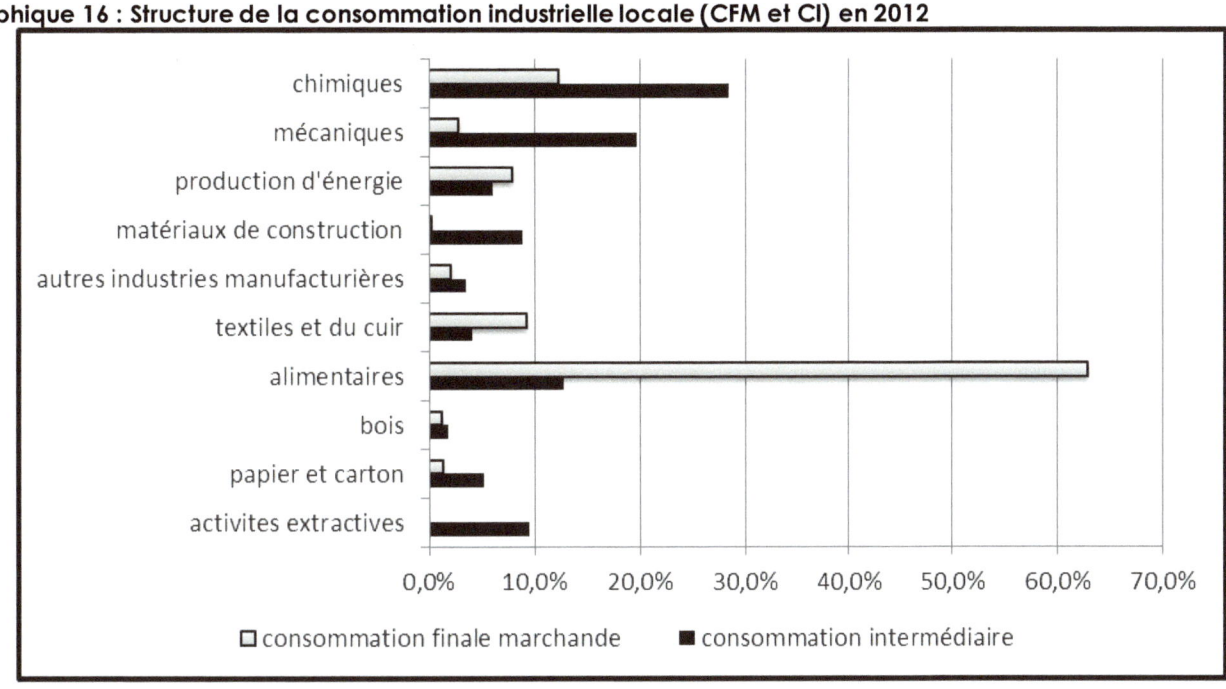

Source : ANSD, Calcul de l'auteur

En outre, le graphique 16 indique une forte consommation intermédiaire en 2012 dans les branches d'activité telles que les industries chimiques (28%), mécaniques (20%), alimentaires (13%) et extractives (10%).

6.3.2. L'évolution de la consommation finale marchande des produits issus de certains branches d'activité de l'industrie

Bien que dominant la consommation finale marchande du secteur industriel, les industries alimentaires ont un TCCFM relativement stable et très faible (environ 2% entre 1988 et 2012).

Graphique 17 : Evolution des TCCFM des industries alimentaires et chimiques

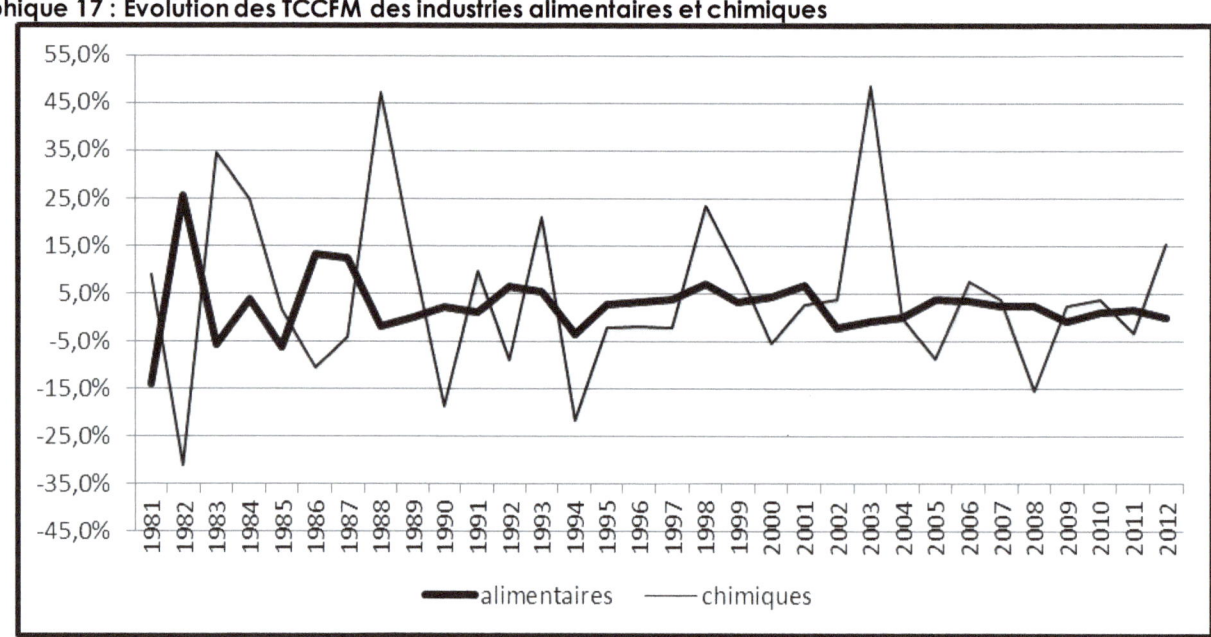

Source : ANSD, Calcul de l'auteur

Le taux de croissance de la consommation finale marchande des produits des industries chimiques a fortement fluctué de 1981 à 1990 (avec la hausse remarquable constatée en 1988 atteignant 47%). Hormis une nouvelle hausse de 49% en 2003, ce TCCFM des industries chimiques est relativement stable et insignifiant (en moyenne égal à 0,7% entre 2004 et 2012).

Quant à la branche d'activité des industries textiles et du cuir, la tendance linéaire explique un TCCFM en baisse au fil du temps de 1981 à 2012. D'après le graphique 18, ce taux est passé de 66% en 1982 à 2% en 2012.

Graphique 18 : Evolution des TCCFM des industries de production d'énergie et textiles et du cuir

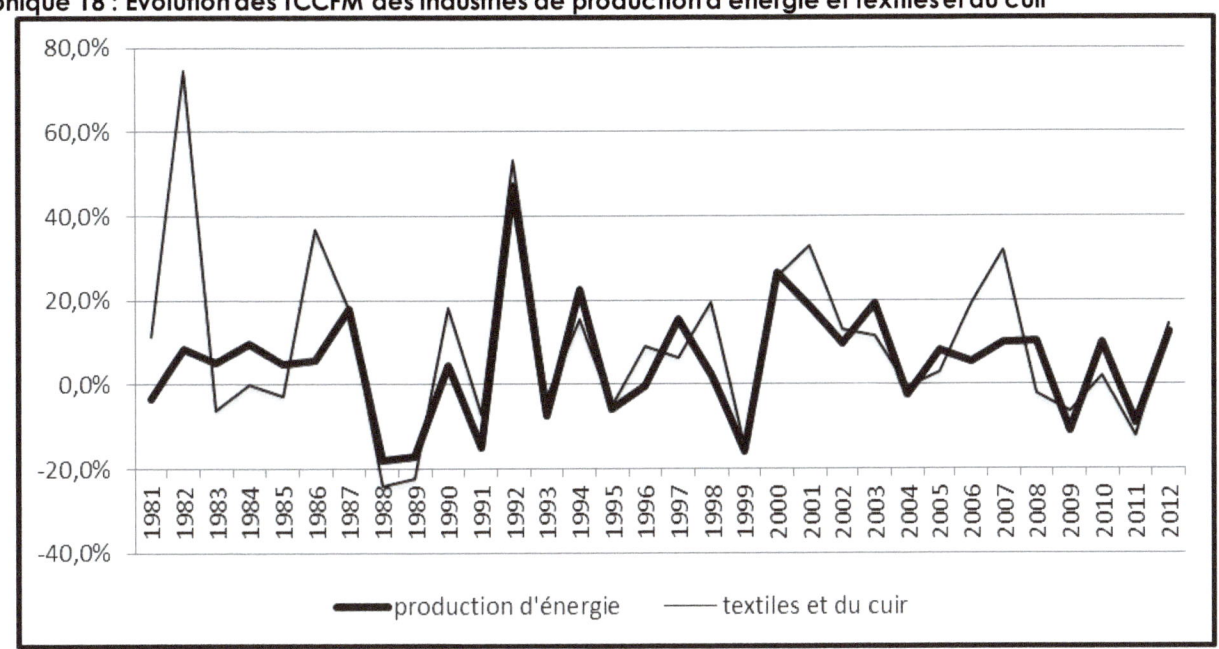

Source : ANSD, Calcul de l'auteur

Le TCCFM des industries de production d'énergie continue de diminuer de plus en plus depuis 2000[53] presque.

6.3.3. L'évolution de la consommation intermédiaire des produits de certains branches d'activité de l'industrie

Trois périodes sont spécifiées dans le graphique 19. Tout d'abord, les TCCI des produits des industries chimiques et mécaniques ont connu une tendance baissière de 1981 à 1993. Ensuite, une tendance haussière est constatée entre 1994 et 2004. Enfin, les TCCI de ces branches d'activité sont en baisse de 2005 à 2012.

Le graphique 20 montre une hausse importante de la consommation intermédiaire des produits des activités extractives en 2007 (58%). Cette branche d'activité a toutefois eu une baisse importante auparavant de son TCCI (en 2005 avec 25% et en 2006 avec 39%).

---

[53] De 2000 à 2012, le TCCFM des industries de production d'énergie (eau, électricité, gaz...) est passé de 26% à 12% avec en moyenne une valeur de 8%

Graphique 19 : Evolution des TCCI des industries chimiques et mécaniques

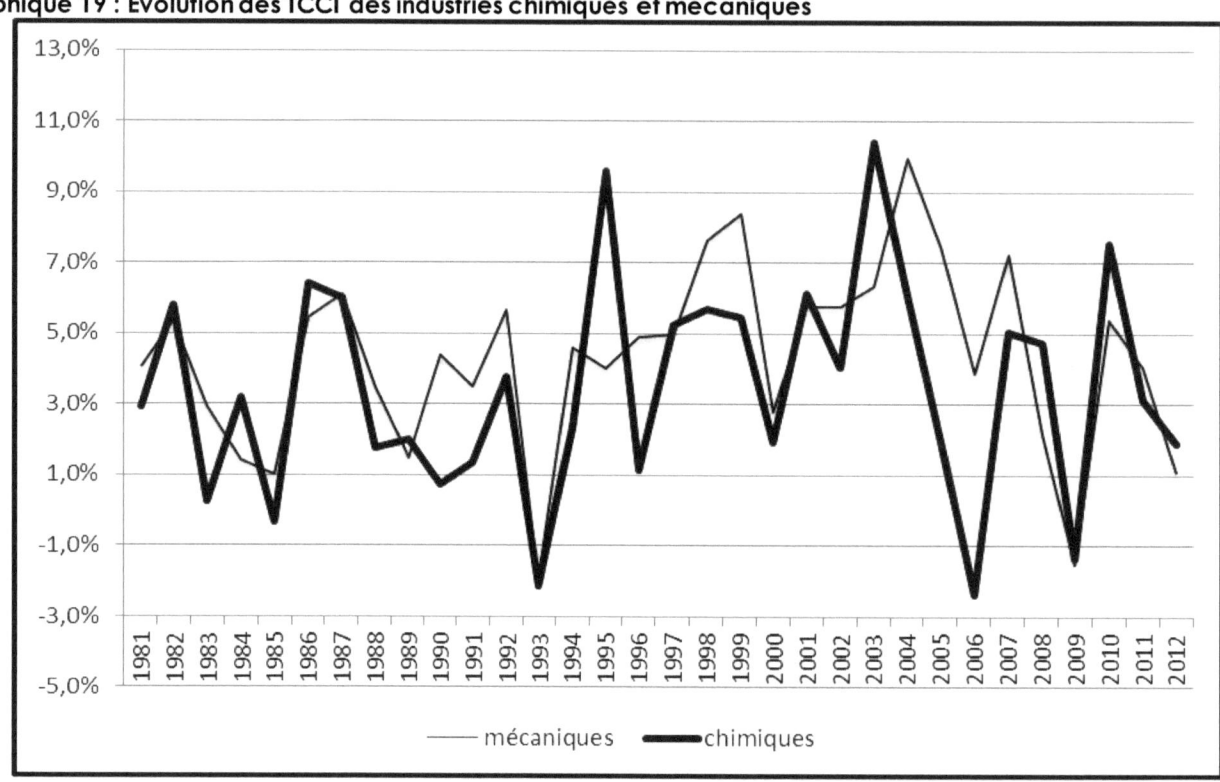

Source : ANSD, Calcul de l'auteur

La consommation intermédiaire des produits des industries alimentaires n'évolue pas trop de 1989 à 2012 (le TCCI n'a pas dépassé 9% durant cette période et est égal en moyenne à 2%).

Graphique 20 : Evolution des TCCI des industries extractives et alimentaires

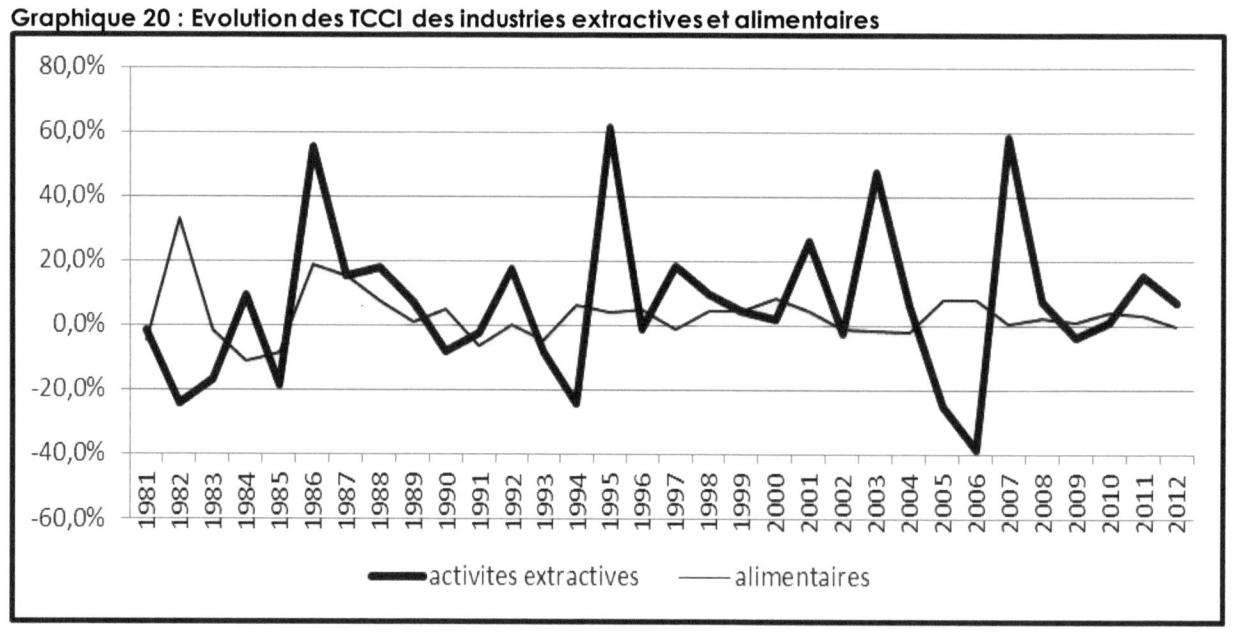

Source : ANSD, Calcul de l'auteur

6.4. ANALYSE DE LA COMPETITIVITE DES BRANCHES D'ACTIVITE DE L'INDUSTRIE

6.4.1. La structure des exportations et importations des branches d'activité de l'industrie

Le graphique ci-après renseigne sur la composition des exportations et importations par branche d'activité de l'industrie sénégalaise.

Graphique 21 : Structure des exportations et importations industrielles en 2012

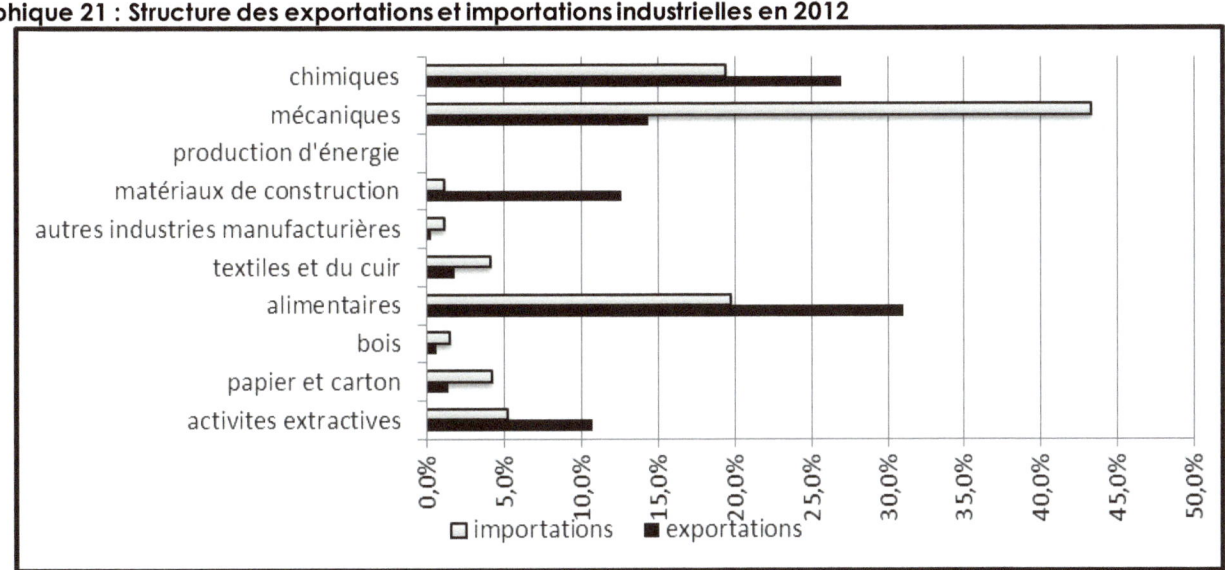

Source : ANSD, Calcul de l'auteur

Au titre des exportations, le graphique 21 révèle une prépondérance de certaines branches d'activité. Les produits issus des branches d'activité des industries alimentaires (31%), chimiques (27%), mécaniques (14%), extractives (11%) et ceux des matériaux de construction (13%) sont les plus exportés en 2012.

Ce même phénomène est observé pour les produits importés. La plupart des importations en 2012 de produits industriels concernent les branches d'activité que sont : les industries mécaniques[54] (43%), chimiques (19%) et alimentaires (20%).

6.4.2. L'évolution des exportations industrielles

Le taux de croissance des exportations de produits des industries alimentaires est relativement stable de 1981 à 2012.

---

[54] Les industries mécaniques au Sénégal deviennent ainsi une branche d'activité faisant face à plus de produits importés

En moyenne, il est égal à 4,7% avec un écart-type de 0,196. Le taux de croissance des exportations des activités extractives a connu cette même situation de 1981 jusqu'en 2000 en étant le plus souvent négatif (avec une moyenne de -0,5%). Le TCEXP de cette branche d'activité a cependant baissé entre 2001 et 2005 (passant de 58% à -63%). De 2006 à 2012, le taux de croissance des exportations de la branche d'activité a une tendance haussière (avec un pic d'environ 125% en 2009).

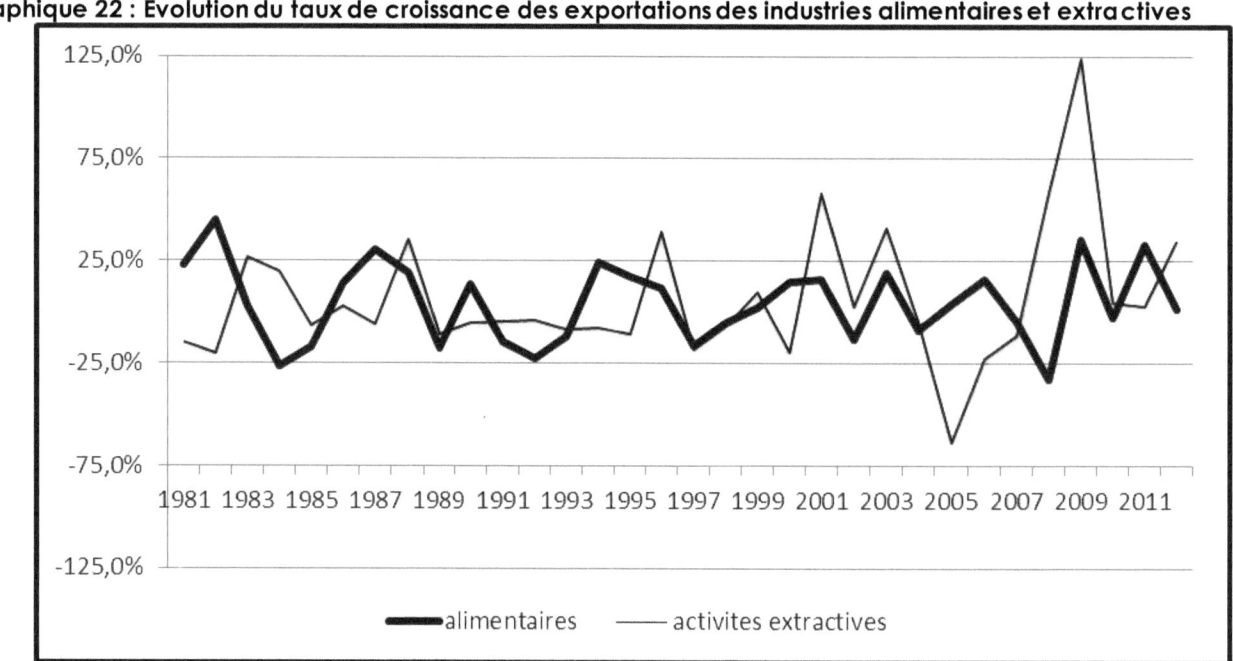

Graphique 22 : Evolution du taux de croissance des exportations des industries alimentaires et extractives

Source : ANSD, Calcul de l'auteur

Trois faits marquants peuvent être retenus du graphique 23 concernant les exportations des industries chimiques et mécaniques. Tout d'abord, les industries mécaniques ont commencé à exporter qu'à partir de 2001. Ensuite, ces deux branches d'activité ont obtenu des pics brusques en 1992 (environ 350%) pour les industries chimiques et en 2002 (environ 450%) pour les industries mécaniques.

Graphique 23 : Evolution du taux de croissance des exportations des industries mécaniques et chimiques

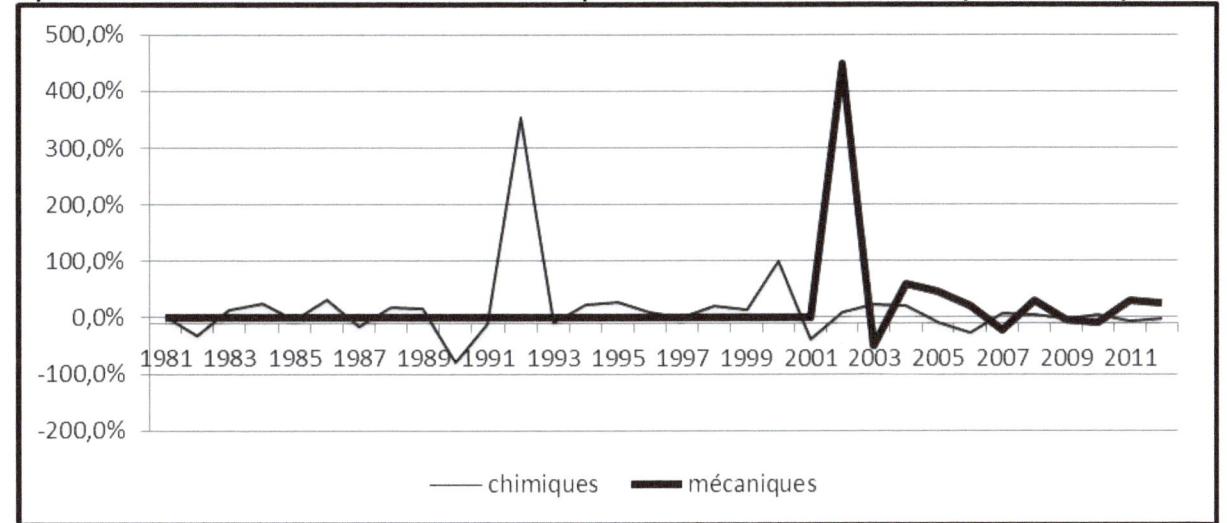

Source : ANSD, Calcul de l'auteur

Enfin, les TCEXP de ces branches d'activité sont restés relativement stables et faibles pour les autres années.

6.4.3. L'évolution des importations industrielles

Le graphique 24 spécifie une linéarité (inférieur à 20%) des TCIMP des industries chimiques et mécaniques de 2002 à 2012. Toutefois, les industries chimiques ont connu une forte augmentation en 2000 (99%) puis une baisse remarquable l'année suivante (-38%).

Bien que les importations de biens alimentaires soient importantes en 2012 (avec un poids de 20%), l'évolution du TCIMP de cette branche d'activité montre une tendance baissière de 1995 à 2010. Ce taux est passé de 32% à -18% durant la période 1995-2009.

Graphique 24 : Evolution du taux de croissance des importations de produits issus des industries mécaniques et chimiques

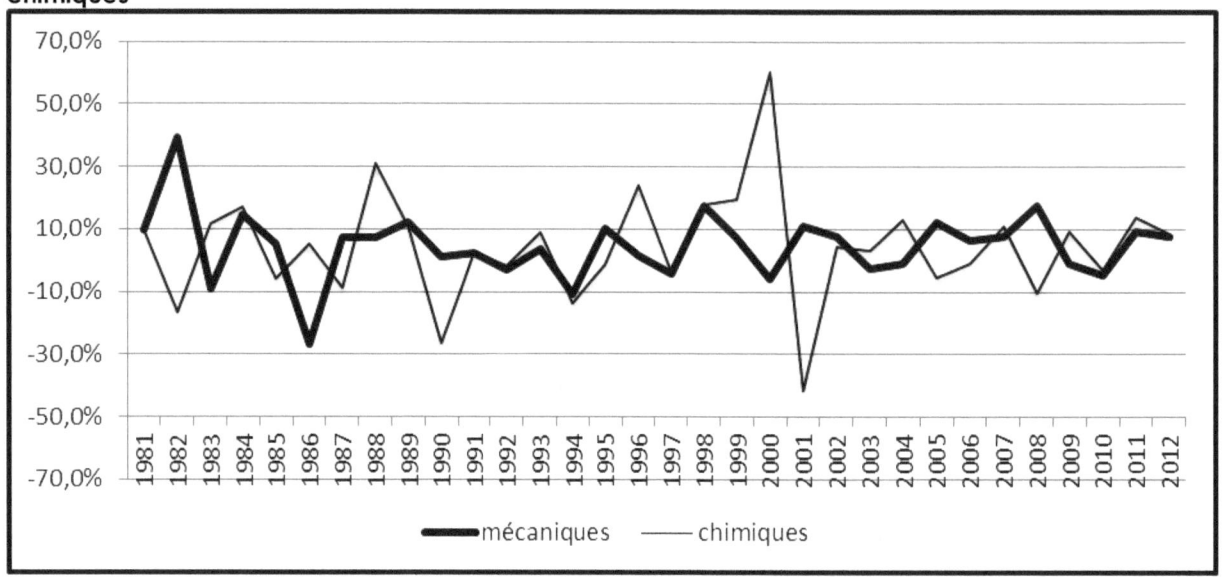

Source : ANSD, Calcul de l'auteur

Relativement aux industries extractives, deux hausses importantes des importations de produits sont notées. Ce sont les valeurs du TCIMP obtenues en 2001 (105%) et 2007 (118%). La plus faible baisse du TCIMP de cette branche d'activité est constatée en 2006 (-65%). Hormis ces années, le TCIMP des industries extractives est traduit par une tendance linéaire horizontale.

Graphique 25 : Evolution du taux de croissance des importations de produits issus des industries extractives et alimentaires

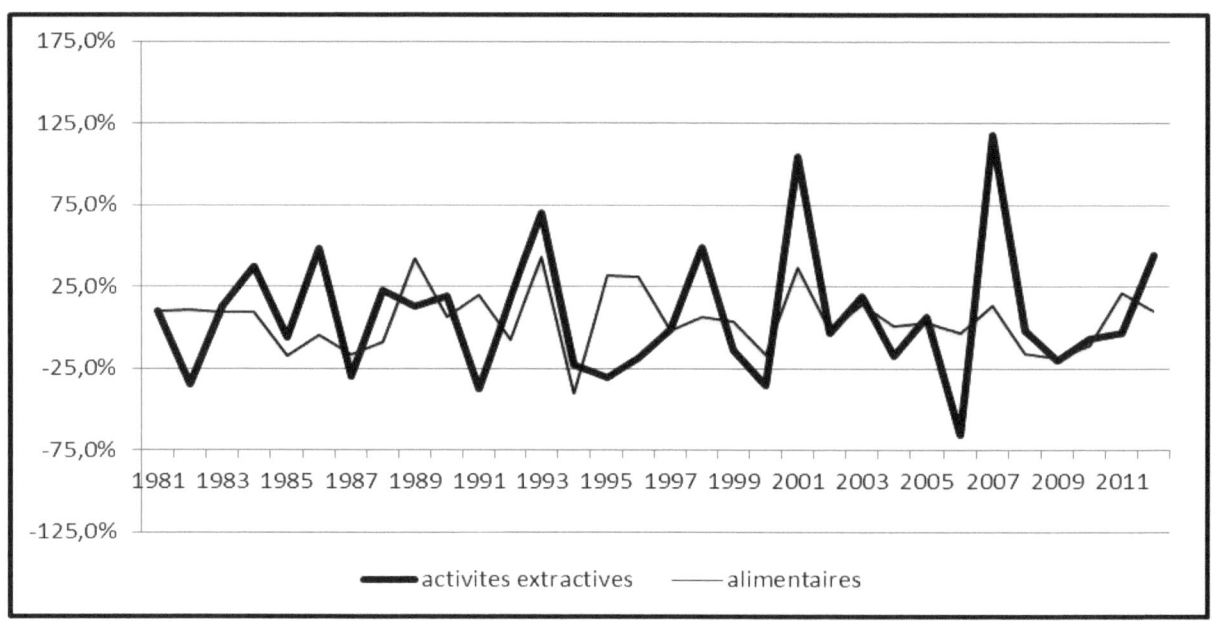

Source : ANSD, Calcul de l'auteur

Cette étude exploratoire a montré que l'industrie sénégalaise n'est pas en croissance et que le secteur est caractérisé par des disparités dans les branches d'activité. Cette analyse exploratoire sera suivie par l'analyse économétrique qui permettra de déterminer les facteurs explicatifs de la croissance industrielle.

Chapitre 7 : Modélisation économétrique de la croissance industrielle

La modélisation de la croissance industrielle[55] fera l'objet de tests d'hypothèses (stationnarité, normalité, etc.) puis de la détermination du nombre de retard admis par le modèle. La validation du modèle choisi terminera ce chapitre.

7.1. Tests d'hypotheses et determination du nombre de retard

Dans cette section, plusieurs tests seront effectués pour déterminer le modèle à estimer. Il s'agira d'analyser entre autres, la stationnarité et la cointégration (si nécessaire) des variables.

7.1.1. Tests de stationnarité

Pour étudier la non stationnarité des variables à l'étude, le test de Dickey-Fuller Augmenté (ADF) sera utilisé pour déterminer l'ordre d'intégration des séries.

Les corrélogrammes des séries différenciées[56] montrent qu'il faudra prendre un nombre de retard p=1 pour tester la stationnarité de TCCFM, p=2 pour tester celle des séries TCI, TCTNP, TCFBCF et TCIMP, p=4 pour TCTE et p=0 pour les variables TCCI et TCEXP.

---

[55] Ce chapitre se limitera à la validation du modèle sans procéder à une analyse des résultats ou des prévisions
[56] Il s'agit de rechercher la dernière valeur de p où l'autocorrélation partielle est significativement non nulle

Graphique 26 : Corrélogramme de la série TCI en différence première

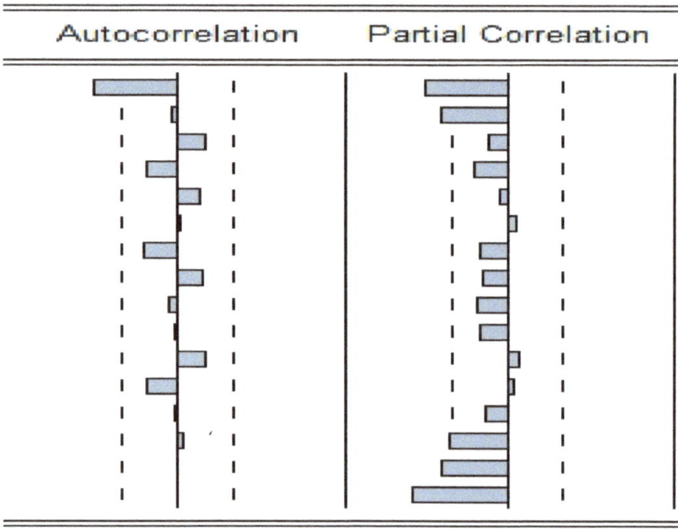

Autocorrelation	Partial Correlation		AC	PAC	Q-Stat	Prob
		1	-0.526	-0.526	9.4493	0.002
		2	-0.025	-0.418	9.4710	0.009
		3	0.165	-0.123	10.463	0.015
		4	-0.182	-0.218	11.717	0.020
		5	0.139	-0.054	12.482	0.029
		6	0.012	0.057	12.487	0.052
		7	-0.205	-0.177	14.281	0.046
		8	0.152	-0.164	15.302	0.054
		9	-0.052	-0.185	15.426	0.080
		10	-0.016	-0.167	15.438	0.117
		11	0.169	0.079	16.898	0.111
		12	-0.184	0.036	18.721	0.095
		13	-0.023	-0.146	18.751	0.131
		14	0.027	-0.363	18.795	0.173
		15	-0.001	-0.415	18.795	0.223
		16	0.000	-0.607	18.795	0.279

Source : ANSD, Calcul de l'auteur

L'application du test ADF sur les huit séries indique les résultats ci-après :

Tableau 4 : Résultats du test ADF pour les variables de l'étude

Variables	Cas de l'hypothèse nulle[57]	Statistiques de Student	Valeurs critiques à 5%
TCI	2	-3,913	-2,968
TCCFM	2	-4,821	-2,964
TCCI	2	-5,290	-2,960
TCTE	1	-3,100	-1,954
TCEXP	1	-5,073	-1,952

---

[57] C'est-à-dire s'il y a tendance ou constante à prendre en compte dans le test (voir encadré 1)

TCIMP	2	-4,2145	-2,968
TCTNP	2	-3,279	-2,968
TCFBCF	1	**-1,826**	**-1,952**

<u>Source</u> : ANSD, Calcul de l'auteur

Encadré 1 : Principe du test ADF

Le test de Dicker-Fuller Augmenté est fondé sur des règles que sont :

- les erreurs ne suivent pas forcément un bruit blanc ;
- la détermination du nombre de retard h se fait en utilisant le corrélogramme de la série différenciée ;
- l'hypothèse nulle est la non stationnarité des séries.

Considérons la variable X_t. Sous l'hypothèse nulle, trois cas sont possibles :

1. le modèle n'admet ni tendance ni constante.

$$\Delta x_t = \rho x_{t-1} - \sum_{j=2}^{h} \emptyset_j \times x_{t-j+1} + \varepsilon_t$$

2. le modèle comprend une constante seulement ;

$$\Delta x_t = \rho x_{t-1} - \sum_{j=2}^{h} \emptyset_j \times x_{t-j+1} + c + \varepsilon_t$$

3. le modèle comprend une tendance et une constante ;

$$\Delta x_t = \rho x_{t-1} - \sum_{j=2}^{h} \emptyset_j \times x_{t-j+1} + c + bt + \varepsilon_t$$

Ce test comprendra l'étude de la significativité de la tendance (cas 3), puis celle de la constance sans tendance si le cas 3 n'est pas vérifié (cas 2). Si le modèle n'admet pas de constante, le cas 1 sera choisi pour la suite du test. Tous ces cas se traiteront en expérimentant la nullité des coefficients (b et c) par des tests de Student. Sous l'hypothèse nulle $H_0 : \rho=0$, ce paramètre suit une distribution asymptotique de Student. La statistique du test sera comparée à une valeur critique d'une table simulée par la procédure de Monte-Carlo. Si elle est supérieure à la valeur tabulée, alors nous acceptons l'hypothèse de non stationnarité des séries.

La statistique de Student de la variable TCFBCF est supérieure à sa valeur critique. Donc, cette série est non stationnaire. Par contre, les statistiques de Student des autres variables sont inférieures à leurs valeurs critiques. D'où, leurs stationnarités sont vérifiées. En reprenant ce test avec la variable D(TCFBCF), la statistique de Student (-3,706) est inférieure à la valeur critique à 5%. Donc, elle est stationnaire. D'où la variable TCFBCF est d'ordre d'intégration égal à 1 (voir annexe 5). Pour la suite de la modélisation économétrique, la variable TCFBCF sera rendu stationnaire en différence première. Ainsi, nous retenons un modèle VAR.

7.1.2. Détermination du nombre de retard du modèle

L'estimation de tous les VAR à h≤H décalages sera faite (avec H aussi grand que possible) pour déterminer le nombre de retards du modèle. En ce sens, les Critères d'Information d'Akaike (AIC) et Schwarz (SC) peuvent être utilisés pour choisir h ; ce sera le modèle VAR à h décalages qui minimise ces critères. Le nombre maximal de retards possibles[58] pour le modèle VAR est égal à deux (H=2). En effet, le nombre important de variables à l'étude[59] ne permet pas d'aller jusqu'à h=3. D'après le tableau ci-dessus, le nombre de retard à retenir est égal à 1. C'est dans ce cas précis que les critères AIC (-504,92) et SC (-498,94) ont des valeurs minimales. Autrement dit, le modèle VAR (1) sera adopté pour la suite de la modélisation.

Tableau 5 : Valeurs des critères d'information AIC et SC

h	AIC	SC
1	-504,92	-498,94
2	-488,40	-479,35

Source : ANSD, Calcul de l'auteur

---

[58] Ce sont les restrictions dues à la faiblesse du nombre d'observations des données (32) avec huit variables à l'étude

[59] Plus ces variables sont nombreuses plus il y a de nombreux paramètres à estimer

7.2. ESTIMATION DES PARAMETRES DU MODELE

Deux préoccupations sont examinées dans l'estimation des paramètres. D'abord, il sera pris en compte une constante dans le modèle. Enfin, la variable TCI et les autres sont considérées ici comme à la fois exogène et endogène[60].

Tableau 6 : Estimation des paramètres de l'équation de TCI

	Coefficients	Statistiques du test
TCI (-1)	-0,199	-0,720
TCCFM (-1)	0,048	0,299
TCCI (-1)	0,091	0,549
TCEXP (-1)	0,019	0,277
D(TCFBCF (-1))	-0,089	-1,307
TCIMP (-1)	-0,152	-2,124
TCTE (-1)	0,049	0,627
TCTNP (-1)	0,020	0,100
C	0,024	2,221
TCCFM	-0,190	-0,984
TCCI	0,331	2,033
TCEXP	0,033	0,793
D(TCFBCF)	0,016	0,153
TCIMP	-0,017	-0,275
TCTE	0,124	2,064
TCTNP	0,091	0,350
R^2	0,781	
R^2 ajusté	0,545	

Source : ANSD, Calcul de l'auteur

---

[60] Dans la modélisation VAR, il peut arriver que l'on estime les paramètres sans se préoccuper du choix des variables exogènes et endogènes, puis de procéder ensuite à un test de causalité. Ce n'est pas toujours le cas. Nous pouvons modéliser un système de variables à la place d'une seule équation. L'avantage se trouve dans la possibilité de pouvoir expliquer l'évolution des variables exogènes dans cette dernière équation

Nous avons un modèle VAR (1) avec huit équations. La valeur critique pour tester la nullité des coefficients est égale à 1,75 ; elle correspond à la valeur de la table de Student au niveau de risque α=5% avec 14 degrés de liberté.

Lorsque la valeur absolue de la statistique du test (pour une variable donnée) est inférieure à 1,75 alors son coefficient est négligeable[61] (la variable n'est pas significativement explicative). Cette préoccupation nous amène à retenir, pour l'équation concernant TCI, certaines séries (voir tableau 6 ci-avant[62]) ayant des coefficients significatifs. Il s'agit de TCIMP (-1), TCCI et TCTE.

Le même raisonnement est appliqué en prenant le seuil α=10%. Dans ce cas, la valeur critique du test devient 1,35 ; et les séries avec des coefficients significativement non nuls sont toujours : TCIMP (-1), TCCI et TCTE. L'équation du modèle VAR (1) avec TCI comme variable à expliquer s'écrira sous la forme ci-après :

$$\begin{aligned}TCI = &-0{,}199 \times TCI(-1) + 0{,}048 \times TCCFM(-1) + 0{,}091 \times TCCI(-1) + 0{,}019 \times TCEXP(-1) \\ & - 0{,}089 \times D(TCFBCF(-1)) - 0{,}152 \times \mathbf{TCIMP(-1)} + 0{,}049 \times TCEXP(-1) \\ & + 0{,}020 \times TCTNP(-1) + 0{,}024 - 0{,}190 \times TCCFM + 0{,}331 \times \mathbf{TCCI} + 0{,}033 \\ & \times TCEXP + 0{,}016 \times D(TCFBCF) - 0{,}017 \times TCIMP + 0{,}124 \times \mathbf{TCTE} \\ & + 0{,}091 \times TCTNP\end{aligned}$$

Le modèle économétrique sera validé par des tests statistiques mis en œuvre dans les paragraphes qui suivent.

7.3. VALIDATION DU MODELE

Deux tests seront utilisés pour valider le modèle. Le premier test concernera la normalité des résidus. Le second test analysera l'autocorrélation des erreurs des huit équations (voir annexe 7 pour les courbes d'évolution des résidus).

---

[61] Avec un niveau de confiance de 95%
[62] Dans ce tableau, X (-1) signifie la série de la variable X retardée d'une période

7.3.1. Test de normalité de Jarque-Bera

Ce test permet d'étudier la normalité des résidus. Il est une combinaison des tests du Skewness et kurtosis. La statistique du test S suit un χ^2 à deux degrés de liberté. Elle a pour expression :

$$S = \frac{N}{6}\beta_1 + \frac{N}{24}(\beta_2 - 3)^2$$

Avec β_1 et β_2 respectivement les coefficients de Skewness et Kurtosis. N désigne le nombre d'observations des séries. Les résultats du test sont consignés dans la figure ci-après :

Graphique 27 : Histogramme et test de Jarque-Bera des résidus

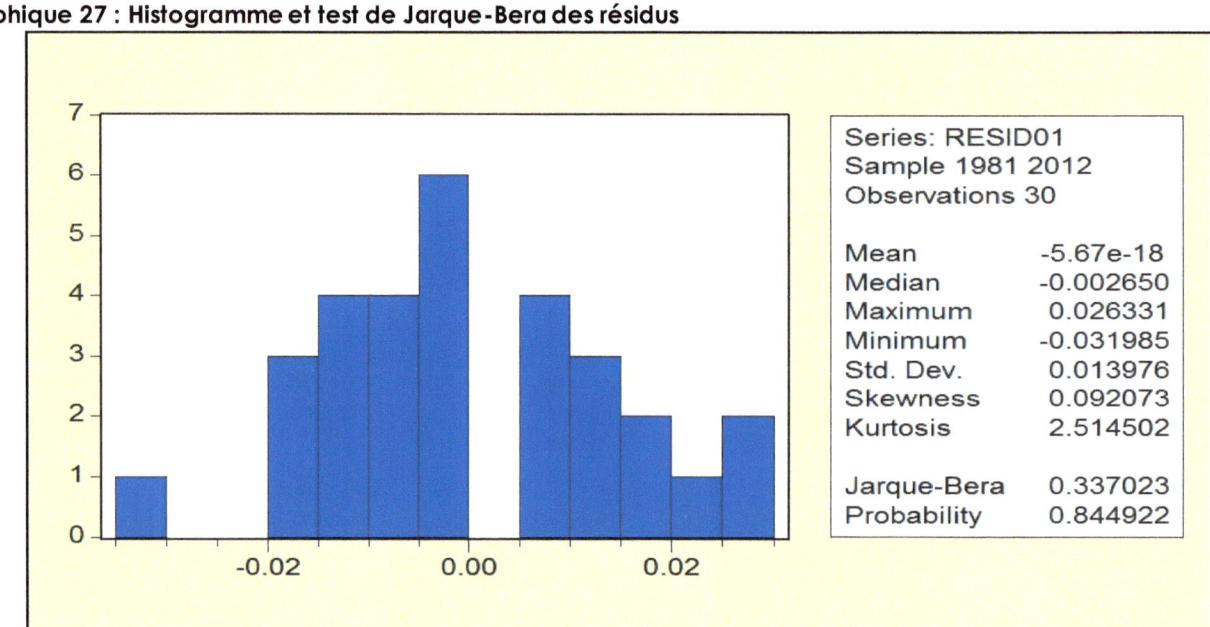

Source : ANSD, Calcul de l'auteur

La p-value (0,84) de ce test est supérieure à 0,05. Donc, l'hypothèse de normalité des résidus est acceptée.

7.3.2. Test d'autocorrélation de Ljung-Box

Ce test permet d'examiner l'autocorrélation des résidus du modèle. Il s'agit d'étudier l'indépendance des séries de résidu d'une période à une autre.

Les résultats du test de Ljung-Box pour la première équation (avec TCI comme variable à expliquer) sont fournis dans le tableau suivant.

Tableau 7 : Résultats du test de Ljung-Box

h	Q'	P-value
1	0.5260	0.468
2	0.9149	0.633
3	3.6045	0.307
4	3.9246	0.416
5	5.7079	0.336
6	5.7341	0.454
7	6.0405	0.535
8	6.9897	0.538
9	6.9943	0.638
10	8.1337	0.616
11	8.2235	0.693
12	8.2329	0.767
13	8.2330	0.828
14	8.2381	0.877
15	8.2381	0.914
16	8.2381	0.941

Source : ANSD, Calcul de l'auteur

La p-value de ce test est supérieure à 0,05 pour tout h≤16. L'hypothèse de bruit blanc des résidus est acceptée.

Ainsi, la modélisation de la croissance industrielle s'est faite avec le modèle VAR. Le nombre de retard est égal à un. Le modèle VAR (1) est validé à travers les tests appropriés (normalité et indépendance des résidus). L'analyse des résultats et des prévisions se fera au chapitre suivant.

Chapitre 8 : Analyse des résultats et des prévisions

La première partie de ce chapitre aura trait à l'interprétation des résultats de l'estimation des paramètres du modèle. En cela, les facteurs explicatifs de l'évolution de la valeur ajoutée industrielle seront déterminés. L'analyse prévisionnelle concernera la seconde partie. Il s'agira d'analyser dans cette dernière partie, la causalité entre variables, la décomposition de la variance de l'erreur de prévision et la réponse des innovations à un choc.

8.1. INTERPRETATION DES RESULTATS DE LA MODELISATION ECONOMETRIQUE

L'interprétation des résultats se fera en deux étapes : une analyse d'ensemble et une analyse comparative par branche d'activité du secteur industriel.

8.1.1. Analyse d'ensemble du secteur industriel

Les résultats de l'estimation des paramètres du modèle final[63] (cf. annexe 6) montre que les séries TCIMP (-1) et D(TCFBCF (-1)), TCI (-1), TCCFM et TCIMP ont des coefficients de signe négatif. L'augmentation des importations est un facteur déterminant des contre-performances de l'industrie au Sénégal. En effet, cette hausse des produits importés (pouvant être décalée même d'une année) dans l'industrie a pour conséquence la diminution de la part de marché des entreprises locales. Lorsque le TCIMP augmente d'un point alors nous aurons une baisse de 0,152 du TCI de l'année suivante. Le niveau de taux de valeur ajoutée de l'industrie est également un déterminant de sa valeur future. Un autre élément important concerne la consommation finale marchande de biens industriels. Il ressort de cette étude que la hausse de cette consommation influe négativement sur la croissance industrielle. Les autres séries ont des coefficients de signe positif. Autrement dit, une diminution des valeurs de ces va-

---

[63] L'interprétation des résultats se fait avec l'hypothèse « toute chose égale par ailleurs »

riables a un effet négatif sur le TCI. La détérioration des termes de l'échange par exemple est un facteur pouvant faire diminuer le TCI (une baisse d'une unité de TCTE conduit à une baisse de 0,124 du TCI). Quant à la consommation intermédiaire de biens industriels (eau, électricité, ...), une baisse d'une unité de TCCI conduit à une baisse de 0,331 du TCI. La tendance baissière du TCI peut aussi s'expliquer par une tendance baissière de TCEXP[64]. La diminution des taxes nettes sur les produits conduit à une baisse de la valeur ajoutée industrielle. Quand elles baissent de 1% alors la valeur ajoutée industrielle diminue de 9%.

8.1.2. Analyse des résultats par branche d'activité de l'industrie

Les résultats économétriques[65] par branche d'activité sont fournis dans l'annexe n° 8. La croissance de la valeur ajoutée des industries extractives est influencée par le niveau des exportations antérieures et actuelles de ladite branche. En effet, une augmentation d'un point du taux de croissance des exportations de cette branche d'activité induit une hausse de 0,44 point sur le taux de croissance de sa valeur ajoutée de l'année à venir. La hausse d'un point du taux de croissance des exportations de la branche d'activité est matérialisée par une augmentation de cinq points sur le taux de croissance de sa valeur ajoutée. Il en est de même pour les taxes nettes sur les produits[66]. La croissance des consommations intermédiaires des industries extractives et celle des FBCF (en différence première) évoluent dans le même sens que la croissance de la valeur ajoutée de la branche d'activité. Les importations des industries extractives font diminuer la valeur ajoutée de la branche d'activité (avec une baisse de 8% du TCI suite à une hausse de 1% du TCIMP). La croissance de la valeur ajoutée des industries alimentaires est expliquée essentiellement par celle des exportations[67] de la branche d'activité. Quant aux industries chimiques, les taux de croissance des consommations intermédiaires (avec un coefficient égal à 1,77) et exportations (avec un coefficient égal à 0,07) de cette branche d'activité sont des facteurs explicatifs de

---

[64] Avec un coefficient égal à 0,033
[65] Pour arriver à ces résultats, toutes les étapes de la modélisation économétrique (stationnarité, détermination du nombre de retard, validation de modèle) ont été reprises pour chaque branche d'activité de l'industrie.
[66] Son coefficient est égal à 0,68
[67] Avec un coefficient égal à 0,11

la croissance de sa valeur ajoutée. L'augmentation de la consommation finale marchande des produits issus des industries mécaniques fait diminuer la valeur ajoutée de la branche d'activité (avec un coefficient égal à -0,61). En ce qui concerne les industries de production d'énergie, la hausse d'un point de la consommation finale marchande fait augmenter sa valeur ajoutée de 0,43 point. Le taux de croissance des consommations intermédiaires et celui de la valeur ajoutée des industries de production d'énergie varient dans le même sens. Quant aux industries textiles et du cuir, la croissance de sa valeur ajoutée est expliquée par ses consommations intermédiaires, sa consommation finale marchande et ses exportations. La hausse des importations de la branche d'activité implique une baisse de sa valeur ajoutée (avec un coefficient de -0,58). La croissance des taxes nettes sur les produits fait diminuer la valeur ajoutée des industries du papier et du carton (avec un coefficient de -0,61). Ce même phénomène est observé dans les industries de matériaux de construction avec un coefficient de -0,78. En outre, la croissance des consommations intermédiaires et des exportations fait augmenter la valeur ajoutée de cette branche d'activité. Les facteurs pouvant expliquer l'augmentation de la valeur ajoutée des industries du bois sont la hausse des consommations intermédiaires et l'amélioration des termes de l'échange.

8.2. ANALYSE PREVISIONNELLE

Cette analyse commencera par un test de causalité entre le taux de croissance industrielle et les autres variables de l'étude. La décomposition de la variance de l'erreur de prévision du TCI donnera la contribution de chaque variable dans le futur. Enfin, une analyse des chocs de quelques variables étudiées sur le TCI montrera l'impact des innovations.

8.2.1. Test de causalité des variables avec le TCI

Pour retenir les variables apportant de l'information à la prédictibilité de la variable d'intérêt TCI, il faut étudier la causalité entre cette dernière avec les autres. Les tests de causalité permettent de les connaître. Parmi ces tests, il y a celui au sens de Granger. Son principe est le suivant : la variable x cause y s'il est préférable de prédire y en ayant des informations sur x que de ne pas les connaître. L'hypothèse nulle est la non causalité entre variables. Elle est acceptée lorsque la p-value est supérieure au seuil fixé α=5%. Les résultats du test sont consignés dans le tableau suivant :

Tableau 8 : Résultats des tests de causalité

Hypothèses nulles	Statistiques du test	P-value
TCCI ne cause pas TCI	0,444	0,511
TCEXP ne cause pas TCI	1,587	0,218
TCIMP ne cause pas TCI	17,646	0,000
TCFBCF ne cause pas TCI	6,461	0,017
TCTE ne cause pas TCI	0,008	0,931
TCCFM ne cause pas TCI	1,943	0,174
TCTNP ne cause pas TCI	6,461	0,017

Source : ANSD, Calcul de l'auteur

Le tableau 8 indique qu'il est préférable de connaître les variables TCIMP, D(TCFBCF) et TCTNP que de ne pas les connaître dans l'estimation des paramètres de l'équation relative à TCI. En d'autres termes, ces variables citées précédemment causent la variable TCI au sens de Granger.

8.2.2. Décomposition de la variance de l'erreur de prévision

Tout d'abord, remarquons que le modèle VAR(p) peut se mettre sous la forme VMA (∞). Cette dernière représentation est un modèle Vectoriel Moyenne Mobile d'ordre q infini. La représentation VMA (∞) du modèle VAR(p) défini dans le chapitre 7 est la suivante :

$$\begin{pmatrix} TCI_t \\ TCTE_t \\ TCIMP_t \\ TCTNP_t \\ TCCI_t \\ TCEXP_t \\ TCCFM_t \\ TCFBCF_t \end{pmatrix} = \mu + \sum_{i=0}^{\infty} M_i \times \vartheta_{t-i}$$

Où $M_0 = I$, $\mu = (I - A_1 - A_2 - \cdots - A_p)^{-1} \times A_0$ et $M_i = \sum_{j=1}^{\min(p,i)} A_j \times M_{i-j}$

Notons que le choix de l'ordre de décomposition influence les résultats obtenus dans l'analyse des prévisions. L'ordre de décomposition choisi consiste à partir de la variable supposée la plus exogène vers la variable la moins exogène. Les résultats du test de causalité permettent de retenir l'ordre suivant : TCI[68], TCIMP, TCTNP, D(TCFBCF), TCCFM, TCTE, TCEXP, TCCI.

Cette décomposition a pour objectif de calculer la contribution des innovations à la variance de l'erreur de prévision suivant des périodes données dans le futur. Autrement dit, la variance de l'erreur de prévision est décomposée en fonction des contributions des variables du modèle. Les résultats de cette décomposition montrent que la variance de l'erreur de prévision du TCI est expliquée nettement par ses propres changements la première année (à 100%). À partir de la deuxième année de prévision jusqu'à l'horizon h=10, les contributions des autres variables commencent à ne plus être nulles (bien qu'extrêmement faible). Cependant, notons les contributions de TCCI, TCIMP, D(TCFBCF) et TCCFM aux environs de 2.10^{-29} durant ces périodes.

8.2.3. Analyse des chocs

Il s'agira d'étudier l'impact d'un choc affectant le TCI suite à une variation des innovations. La mise en pratique sur le logiciel indique qu'au-delà de 5 ans, l'impact des

---

[68] Notre étude porte sur la croissance industrielle, d'où l'intérêt de choisir TCI comme le premier élément de la liste

chocs sur le TCI est nul. La figure ci-dessous montre que les chocs dus aux importations industrielles et aux investissements ont un impact négatif sur la croissance industrielle dans la deuxième période[69].

Graphique 28 : Réponse du TCI suite aux chocs de quelques variables à l'étude

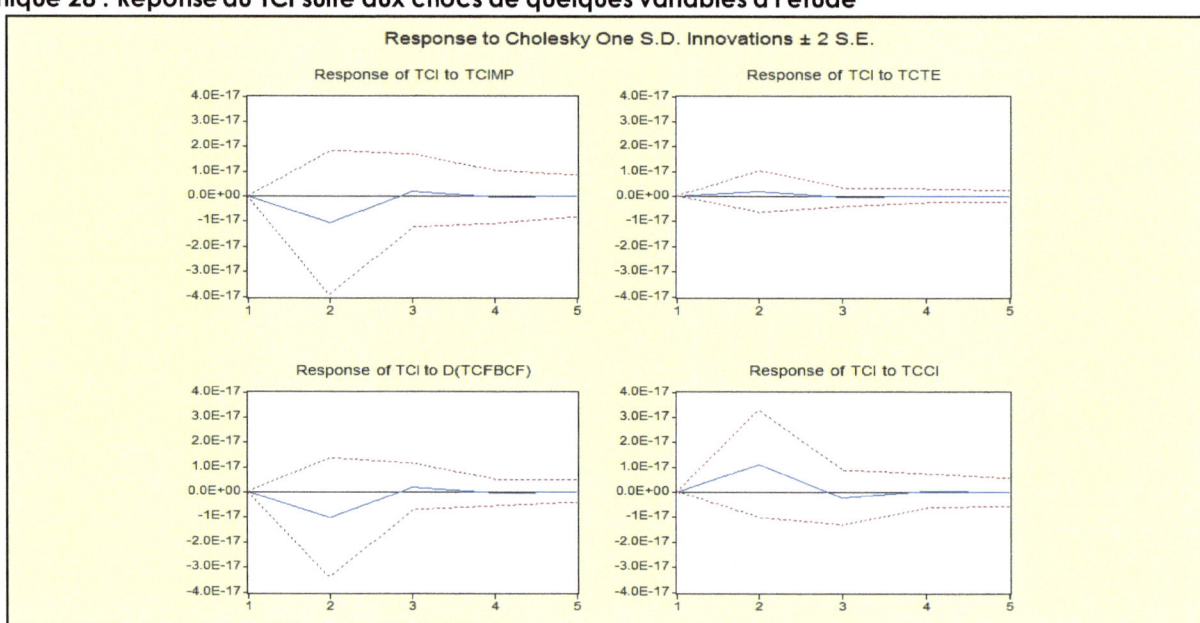

Source : ANSD, Calcul de l'auteur

Un choc causé par une modification des consommations intermédiaires conduit à une réponse positive du TCI, la deuxième période suivante. Cette même réponse est constatée pour un choc des termes de l'échange bien qu'elle est moins nette.

---

[69] L'impact de ces chocs est nul pour la première année de prévision

Conclusion générale

Malgré les nombreuses politiques mises en œuvre au Sénégal, l'activité industrielle a connu un ralentissement durant la période 2000-2018. La part de la valeur ajoutée industriel dans le PIB a une tendance baissière de 1998 à 2012. Cette évolution a poussé les autorités à s'interroger sur les facteurs pouvant expliquer les contre-performances de l'industrie sénégalaise. L'approche macroéconomique consistant à modéliser la croissance industrielle a été adoptée dans cette étude. En ce sens, un modèle VAR est estimé. Cette étude a montré que l'augmentation grandissante des importations de produits industriels fait diminuer le taux de croissance industrielle. En outre, la détérioration des termes de l'échange et les diminutions des consommations intermédiaires de produits industriels induisent une baisse de la valeur ajoutée industrielle. Cependant, les facteurs explicatifs des contre-performances de l'industrie, dans son ensemble, peuvent ne pas être observés dans chacune des 10 branches d'activité dudit secteur. Globalement, la hausse du montant des importations est un facteur de contre-performance dans la plupart des branches d'activité de l'industrie tandis que l'augmentation des exportations, des consommations intermédiaires, de la consommation finale marchande et des investissements fait augmenter la valeur ajoutée de certaines branches d'activité de l'industrie.

Comme recommandations de politique, nous préconisons :

a) la protection tarifaire et non tarifaire : cela permettra aux entreprises industrielles de ne pas être pénalisées face à la concurrence internationale ;
b) l'accès facile des industriels aux commandes publiques (avec la possibilité d'accorder des privilèges aux entreprises nationales) ;

c) la facilitation de la consommation d'intrants à la production industrielle : ces consommations intermédiaires (eau, électricité, gaz...) occasionnent des coûts élevés de facteur de production ;
d) la mise à niveau des entreprises phares : les grandes entreprises industrielles éprouvent d'énormes difficultés qui méritent une politique de mise à niveau aux normes internationales ;
e) la diminution des taxes nettes sur les produits industriels : cela augmenterait la consommation finale marchande de biens de l'industrie et par là, la production du secteur ;
f) le développement de nouvelles filières porteuses d'avenir : un changement de la structure de l'industrie (en facilitant l'accès au foncier et au financement) ouvrira de nouvelles opportunités et une autre source de valeur ajoutée industrielle se créera ;
g) la déconcentration des gros investissements dans le secteur industriel : toutes les infrastructures industrielles sont concentrées à la Capitale alors que les autres régions ont des ressources naturelles pouvant faciliter l'implantation de zone industrielle ;
h) la lutte contre la détérioration des termes de l'échange en évitant la dépendance internationale et en privilégiant les produits locaux ;
i) le renforcement de la coopération avec les pays industrialisés en vue de permettre les transferts de technologie, les Investissements Directs étrangers (IDE) et l'aide technique à la mise en œuvre d'une politique industrielle nouvelle.

Si ce travail peut apporter beaucoup à la prise de décision, il a souffert d'un bon nombre de contraintes. D'abord, l'approche microéconomique n'a pas été traitée du fait d'une insuffisance de données individuelles (qualité de la main d'œuvre, taille de l'entreprise, expérience du dirigeant, part de marché de l'entreprise...). Cette approche aurait permis de trouver les causes profondes des problèmes de l'industrie au Sénégal. Un autre point concerne la non prise en compte d'autres indicateurs de performance industrielle (productivité des facteurs, nombre d'employés, part de la valeur ajoutée industrielle dans le PIB nominal, indice de la production industrielle...) dans l'analyse économétrique. L'approche macroéconomique utilisée dans ce livre pourrait s'appliquer à ces différents indicateurs. Enfin, les limites de l'usage du modèle VAR peuvent être évoquées. Ce qui a fait l'objet notamment du modèle VAR structurel introduit par Watson (1994).

Ce travail de recherche pourrait donner lieu à des investigations allant dans le sens de la mise en place d'une politique industrielle nouvelle au Sénégal dénommée Politique d'Industrialisation Rapide (PIR). En cela, l'analyse de l'efficacité de cette nouvelle politique industrielle (par des simulations de politiques économiques) aidera à résoudre définitivement les problèmes de ce secteur.

Bibliographie

[1]   ANSD (2014) : *Repères statistiques décembre 2013.*

[2]   ANSD (2014) : *Banque de données économiques et financières, version définitive 2011 et provisoire 2012.*

[3]   ANSD (2014) : *Note d'analyse des comptes nationaux provisoires 2012, semi définitifs 2011 et définitifs 2010.*

[4]   ANSD (décembre 2013) : *Note mensuelle de l'Indice Harmonisé de la Production Industrielle (IHPI).*

[5]   ANSD (2013) : *Banque de Données des Indicateurs Sociaux du Sénégal 2007-2009.*

[6]   ANSD (2013) : *Situation économique et Social 2011 définitif.*

[7]   ANSD (2012) : *Note d'analyse du commerce extérieur,* ISSN 0850 – 1513.

[8]   ANSD (mai 2008) : *Bulletin mensuel des statistiques économiques,* ISSN 0850 - 1467.

[9]   Balasse A. (2003) : *Regard sur trente ans d'économie industrielle,* reflets et perspectives de la vie économique 4/2003 (Tome XLII), p. 115-126, URL: www.cairn.info/revue-reflets-et-perspectives-de-la-vie-economique-2003-4-page-115.htm, DOI : 10.3917/rpve.424.0115.

[10]   Bessire D. (1999) : *Définir la performance,* Comptabilité - Contrôle - Audit, 1999/2 Tome 5, p. 127-150. DOI : 10.3917/cca.052.0127, URL: http://www.cairn.info/revue-comptabilite-controle-audit-1999-2-page-127.htm.

[11]   Boukar H. (2009) : *Les facteurs de contingence de la croissance des micro et petites entreprises camerounaises,* revue des Sciences de Gestion 2009/3-4 (n° 237-238).

[12] Bourbonnais R. (2011) : *Économétrie-Manuel et exercices corrigés*, 8ème édition, Dunod, Paris.

[13] Carlton D. et Perloff J. (1998) : *Economie industrielle*, DeBoeck.

[14] Carré D. et Levratto N. (juin 2013) : *Les entreprises du secteur compétitif dans les territoires- Les déterminants de la croissance*, Étude AdCF.

[15] Catherine B. et Lucrezia R. (1991) : *Mesure de la productivité et fluctuations économiques*, In: Revue de l'OFCE. N°35, pp. 57-76, DOI: 10.3406/ofce.1991.1235, URL: http://www.persee.fr/web/revues/home/prescript/article/ofce_0751-6614_1991_num_35_1_1235.

[16] CEDEAO (juillet 2010) : *Politique industrielle commune de l'Afrique de l'ouest (PICAO)*.

[17] Cette G. et Szpiro D. (février 1992) : *Rentabilité, productivité et taille de l'entreprise*, In: Economie et statistique, N°251, pp. 41-50, DOI : 10.3406/estat.1992.5631, URL :http://www.persee.fr/web/revues/home/prescript/article/estat_0336-1454_1992_num_251_1_5631.

[18] Charpentier A. : *Cours de séries temporelles : théories et application- Modèles linéaires multivariés : VAR et cointégration-Introduction aux modèles ARCH et GARCH-Introduction à la notion de mémoire longue*, vol. 2, ENSAE Paris.

[19] Charreaux G. (1991) : *Structure de propriété, relation d'agence et performance financière*, In: Revue économique. Volume 42, n°3, pp. 521-552, http://www.persee.fr/web/revues/home/prescript/article/reco_0035-2764_1991_num_42_3_409292.

[20] Chevillon G. (octobre 2005) : *Analyse économétrique et compréhension des erreurs de prévision*, revue de l'OFCE, p. 327-356.

[21] Clément E. et Germain J. M. (1993) : *VAR et prévisions conjoncturelles*, Annales d'économie et de statistique n° 32.

[22] Damien F. (2010) : *A.-A. Cournot et les fondements théoriques de l'économie industrielle : un éclairage historique*, revue d'économie industrielle [En ligne], n°132,

4ᵉᵐᵉ trimestre 2010, document 2, mis en ligne le 15 décembre 2012, consulté le 06 janvier 2014, URL : http://rei.revues.org/4346.

[23]   Davidson R. et MacKinnon J. G. (2003): *Econometric: Theory and Methods*.

[24]   Démurger S. (1996) : *Ouverture et croissance industrielle des villes chinoises*, In: Revue économique, Volume 47, n°3, pp. 841-850,

URL: http://www.persee.fr/web/revues/home/prescript/article/reco_0035-2764_1996_num_47_3_409823.

[25]   Dia A. A. (2005) : *Éducation, capital humain et dynamique économique : analyse à partir du secteur industriel sénégalais*.

[26]   Diagne Y. S. et Fall A. (2007) : *Impact des infrastructures publiques sur la productivité des entreprises au Sénégal*, document d'étude n°2, DPEE.

[27]   Diagne Y. S. et Sène S. M. (2009) : *La profitabilité des secteurs de l'économie sénégalaise*, document d'étude n°14, DPEE.

[28]   Dieye A. (septembre 1996) : *La compétitivité de l'économie sénégalaise*, Thèse pour l'obtention du grade de docteur de l'Université d'Auvergne.

[29]   DPEE (2013) : *Situation économique et financière en 2013 et perspectives 2014*.

[30]   DPEE (2013) : *Note de conjoncture deuxième trimestre 2013*.

[31]   DPEE (décembre 2013) : *Le point mensuel de conjoncture*, n°86.

[32]   Dufrénot G. et Mignon V. : *La cointégration non linéaire : une note méthodologique*, Economie & prévision 4/ 2002 (no 155), p. 117-137, URL : www.cairn.info/revue-economie-et-prevision-2002-4-page-117.htm.

[33]   FAO (2001) : *Les Négociations Commerciales Multilatérales sur l'Agriculture - Manuel de Référence - I - Introduction et Sujets Généraux*, Archive de documents, URL : http://www.fao.org/docrep/003/X7352F/x7352f00.htm#Contents.

[34]   Faye E. H. (2003) : *Les contreperformances des entreprises publiques sénégalaises : un problème de gouvernement ?*, Université Cheikh Anta DIOP de Dakar.

[35]   FIDA (2001) : *évaluation de la pauvreté rural – Afrique de l'Ouest et du Centre*.

[36] Goujon M. et Kafando C. (mai 2011) : *Caractéristiques structurelles et industrialisation en Afrique : une première exploration*, CERDI, Etudes et Documents, E 2011.33.

[37] Gueye C. et Ndiaye M. (2012), *Impact de la production industrielle sur la croissance économique*, Mémoire de fin d'étude ITS.

[38] Hamisultane H. : *Modèle à Correction d'Erreur et application*, URL : http://helene-hamisultane.voila.net/travaux/MCE.pdf.

[39] INSEE(2012) : *Les méthodes d'évaluation économétriques : l'exemple des aides ARDAN*, Atelier méthodologique du PIVER, Delphine Léglise.

[40] ISSAKA I. (1989) : *Déterminants de développement des entreprises du secteur de l'industrie de transformation au Niger: essai de modélisation*, mémoire présenté à l'université du Québec à Chicoutimi.

[41] Jacquemin A. (1989) : *Les enjeux de la nouvelle économie industrielle*, l'Actualité économique, vol. 65, n° 1, p. 8-20, URI: http://id.erudit.org/iderudit/601477ar, DOI: 10.7202/601477ar.

[42] Juan S. (1992) : *Les modélisations économétriques d'estimation de coût dans l'industrie automobile : l'apport des techniques de bootstrap*, Thèse doctorale.

[43] Khiari S. (2005) : *Les déterminants de la performance des jeunes entreprises innovantes (JEI) : Quelles interrogations ? De la pertinence du concept de co-alignement*, Université El Manar, http://www.strategie-aims.com/events/conferences/6-xviieme-conference-de-l-aims/communications/1535-les-determinants-de-la-performance-des-jeunes-entreprises-innovantes-jei-quelles-interrogations-de-la-pertinence-du-concept-de-co-alignement/download.

[44] Kouassi R. (2000) : *Les contreperformances de l'agro-industrie ivoirienne : un essai de justification par l'approche structuraliste du paradigme structure-comportement-performance (SCP)*, Africa Development, vol.XXV, n° 1 et 2.

[45] Latreille T. et Varoudakis A. (octobre 1996), *Croissance et compétitivité de l'industrie manufacturière au Sénégal*, document de travail n°118, OCDE.

[46] Leuschner R. et al. (2014): *Third-Party Logistics: A Meta-Analytic Review and Investigation of Its Impact on Performance*, Journal of Supply Chain Management, Vol. 50 n° 1.

[47] Lubrano M. (2007) : *Chapitre 2 : Modèles VAR, modèles VAR structurels et modèles à équations simultanées.*

[48] Magniez J. (juin 1984) : *L'industrie en 1983*, In: Economie et statistique, N°167, pp. 67-72, DOI : 10.3406/estat.1984.4874, URL : http://www.persee.fr/web/revues/home/prescript/article/estat_0336-1454_1984_num_167_1_4874.

[49] Mankiw G. N. (2010): *Macroéconomie*, 5ème edition, DeBoeck, Bruxelles.

[50] Metcalfe J. S. (2003): *Industrial Growth and the Theory of Retardation*, Revue économique 2/ 2003(Vol. 54), p. 407-431, URL: www.cairn.info/revue-economique-2003-2-page-407.htm, DOI: 10.3917/reco.542.0407.

[51] Ministère de l'Économie et des Finances/Sénégal (2011) : *Rapport national sur la compétitivité du Sénégal, avril 2011.*

[52] Ministère de l'Économie, des Finances et de l'Industrie/France (février 2011) : *Facteurs explicatifs des évolutions récentes des défaillances d'entreprises : une analyse économétrique*, trésor éco n°84, p.8.

[53] Ministère des Petites et Moyennes Entreprises et de la Micro-Finance/Sénégal (décembre 2003) : *Charte des Petites et Moyennes Entreprises du Sénégal.*

[54] Moati P. (2000) : *Évaluer les performances d'un secteur d'activité*, cahier de recherche n° 148, Centre de Recherche pour l'Etude et l'Observation des Conditions de Vie (CREDOC).

[55] Moati P. (mai 1995) : *Méthode d'étude sectorielle*, cahier de recherche N° C70, CREDOC.

[56] Morvan Y. (1991) : *Fondements d'Economie Industrielle*, 2ème édition, Economica, Paris.

[57] Niang N. D. (2004) : *Mécanisme de développement propre - Les opportunités pour l'économie*, Bulletin d'information économique n° 638, p. 6-9.

[58] Observatoire de l'industrie sénégalaise (décembre 2012) : *Bulletin d'informations de la Direction de l'Industrie du Sénégal*, première année n° 2, Direction de l'industrie au Sénégal.

[59] Observatoire de l'industrie sénégalaise (novembre 2012) : *Bulletin d'informations de la Direction de l'Industrie du Sénégal*, première année n° 1, Direction de l'industrie.

[60] Observatoire de l'industrie sénégalaise : *Coûts des facteurs de production*, http://www.obs-industrie.sn/chap5.htm#rel1, consultée en mars 2014.

[61] Observatoire de l'industrie sénégalaise : *Présentation du Sénégal*, http://www.obs-industrie.sn/chap1.htm#geo, consultée en mars 2014.

[62] Observatoire de l'industrie sénégalaise : *Régimes francs*, http://www.obs-industrie.sn/chap6.htm#rel1 , consultée en mars 2014.

[63] Observatoire de l'industrie sénégalaise : *Dispositif fiscal et douanier*, http://www.obs-industrie.sn/ch3.htm, consultée en mars 2014.

[64] Observatoire de l'industrie sénégalaise : *Cadre juridique*, http://www.obs-industrie.sn/chap8.htm#rel1, consultée en mars 2014.

[65] Observatoire de l'industrie sénégalaise : *Politique de Redéploiement industriel (extrait)*, http://www.obs-industrie.sn/chap6.htm#rel1 , consultée en mars 2014.

[66] OCDE (2001) : *Mesurer la croissance de la productivité par secteur et pour l'ensemble de l'économie*, les éditions de l'OCDE, 2, rue André-Pascal, 75775 PARIS CEDEX 16.

[67] ONU (2019) : Situation et perspectives de l'économie mondiale 2019, URL: https://www.un.org/development/desa/dpad/wp-content/uploads/sites/45/publication/WESP2019_BOOK-ES-fr.pdf.

[68] ONUDI (2013) : *Rapport sur le développement industriel 2013 - Soutenir la croissance de l'emploi : le rôle du secteur manufacturier et du changement structurel*, ID ONUDI n°: 442.

[69] ONUDI (2013) : *Rapport annuel 2012*, Distribution générale IDB.41/2-PBC.29/2 2013.

[70] ONUDI - Groupe d'évaluation (2009) : *Programme intégré de l'ONUDI -Sénégal: Compétitivité et densification du tissu productif fondé sur un partenariat efficace État-Secteur Privé*, Distribution générale OSL/EVA/R. 11.

[71] Papanek G. et al. (1988) : *Les difficultés financières des entreprises dans l'industrie hongroise*, In: Revue d'études comparatives Est-Ouest. Volume 19, N°4. pp. 71-82, DOI : 10.3406/receo.1988.1383, URL: http://www.persee.fr/web/revues/home/prescript/article/receo_0338-0599_1988_num_19_4_1383.

[72] Pilat D. (1996) : *Concurrence, productivité et efficience*, Revue économique n°27. 1996/II, p. 121-164.

[73] Rejeb M. B. (décembre 2009) : *L'impact de l'ouverture sur la performance des entreprises : l'exemple Tunisien*, Thèse pour l'obtention du titre de Docteur en Sciences Economiques à l'université Paris Dauphine.

[74] République du Sénégal : Code des douanes, http://www.obs-industrie.sn/code%20general%20douane.pdf, consultée en mars 2014.

[75] République du Sénégal : Code général des impôts, http://www.obs-industrie.sn/code%20general%20impot.pdf, consultée en mars 2014.

[76] Saatcioglu et al. (2012): *A study on knowledge management and firm performance in Turkish IT sector*, International Journal of Logistics Systems and Management, vol. 11, n°2, p. 213-231.

[77] Sauviat C. et Serfati C. (mai 2013) : *La compétitivité de l'industrie française : évolution des débats, initiatives et enjeux*, document de travail n°04.2013, IRES.

[78] Sekkat K. (1989) : *L'analyse de la causalité comme méthode de détermination des filières industrielles*, Annales d'économie et de statistique n°14.

[79] Song et al. (2008): *Success Factors in New Ventures: A Meta-analysis*, The Journal of Product Innovation Management, 25:7–27.

[80] Thoburn J. (2000) : *À la recherche d'une voie pour l'industrie africaine - Enjeux et options stratégiques*, Service de Politiques Industrielles et Recherche, ONUDI, Vienna International Centre, B.P. 300, A-1400 Vienne, Autriche.

[81] UEMOA(1999) : *Acte additionnel n°05/99 portant adoption de la Politique Industrielle Commune de l'UEMOA*.

[82] Union Africaine (2013) : *Rapport économique sur l'Afrique - Tirer le plus grand profit des produits de base africains: l'industrialisation au service de la croissance, de l'emploi et de la transformation économique*.

[83] Union Africaine (mars 2013) : *Industrialisation et émergence économique en Afrique*, Congress of African Economists n°3, Vol 1 New.indd 1, Dakar.

[84] Valette A. (1993) : *Enjeux et réalités d'une politique publique: la NPI sénégalaise*, ORSTOM-Dakar.

[85] Varian H. R. (2011) : *Introduction à la microéconomie*, 7ème édition, DeBoeck, Bruxelles.

[86] Varoudakis A. et Latreille T. (1997) : *Les facteurs structurels de la compétitivité manufacturière. Une analyse en données de panel pour le Sénégal*, Revue économique Volume 48, n°3, pp. 471-480.

[87] Xiaoxia X. et Yijia L. (2011): *Research on relationship between ownership structure, board characteristics and firm performance*, Asian Conference of Management Science & Applications.

Sigles et abréviations

ADF	Augmented Dickey-Fuller
AFRISTAT	Observatoire Économique et Statistique d'Afrique Subsaharienne
ANSD	Agence Nationale de la Statistique et de la Démographie
BM	Banque Mondiale
BNSP	Bourse Nationale de Sous-traitance et de Partenariat
BTP	Bâtiment et Travaux Publiques
CE	Commission Européenne
CEDEAO	Communauté Economique des États de l'Afrique de l'Ouest
CNUCED	Conférence des Nations Unies sur le Commerce et le Développement
CUCI	Centre Unique de Collecte d'Information
DAES	Département des Affaires Économiques et Sociales
DCNSEA	Division de la Comptabilité Nationale, des Synthèses et Études Analytiques
DSC	Division des Statistiques Conjoncturelles
DSE	Division des Statistiques d'Entreprises
DSECN	Direction des Statistiques Économiques et de la Comptabilité Nationale
DSF	Déclarations Statistiques et Fiscales
EBE	Excédent Brut d'Exploitation
ENSAE	École Nationale de la Statistique et de l'Analyse Économique
ENSEA	École Nationale de la Statistique et de l'Économie Appliquée
ESA	Écoles de Statistique Africaine
FAO	Organisation des Nations Unies pour l'Alimentation et l'Agriculture
FBCF	Formation Brute de Capital Fixe
FIDA	Fonds International de Développement Agricole
IDE	Investissements Directs Étrangers
IHPI	Indice Harmonisé de la Production Industrielle

ISE	Ingénieur Statisticien Économiste
ISO	Organisation Internationale de Normalisation
ISSEA	Institut Sous régional de la Statistique et de l'Économie Appliquée
ITS	Ingénieur des Travaux Statistiques
MCE	Modèle à Correction d'Erreur
MCG	Moindres Carrés Généralisés
MCO	Moindres Carrés Ordinaires
MPE	Micro et Petites Entreprises
MPME	Micro, Petites et Moyennes Entreprises
NPI	Nouvelle Politique Industrielle
OMC	Organisation Mondiale du Commerce
ONU	Organisation des Nations Unies
ONU-DAES	Département des Affaires Économiques et Sociales de l'Organisation des Nations Unies
ONUDI	Organisation des Nations Unies pour le Développement Industriel
PAS	Programmes d'Ajustement Structurel
PCC	Politique Commerciale Commune
PCI	Performance Compétitive de l'Industrie
PIB	Produit Intérieur Brut
PIC	Politique Industrielle Commune
PICAO	Politique Industrielle Commune de l'Afrique de l'Ouest
PME	Petites et Moyennes Entreprises
PMI	Petites et Moyennes Industries
PNUD	Programme des Nations Unies pour le Développement
PNUE	Programme des Nations Unies pour l'environnement
PPTE	Pays Pauvres Très Endettés
PREF	Plan de Redressement Économique et Financier
PRI	Politique de Redéploiement Industriel
RGE	Recensement Général des Entreprises
RNEA	Répertoire National des Entreprises et Associations
SCN	Système de Comptabilité Nationale

SCP	Structure-Comportement-Performance
SONEPI	Société Nationale d'Études et de Promotion Industrielle
SSN	Système de Statistique Nationale
TAFIRE	Tableau Financier des Ressources et des Emplois
TEC	Tarif Extérieur Commun
TSS	Technicien Supérieur de la Statistique
UEMOA	Union Économique et Monétaire Ouest-Africain
VAR	Vector Auto Regressive
ZFID	Zone Franche Industrielle de Dakar

Annexes

ANNEXE 1 : STATISTIQUES DESCRIPTIVES (EN %) SUR L'ENVIRONNEMENT DES ENTREPRISES INDUSTRIELLES

Taux de croissance des variables	Minimum	Maximum	Moyenne	Coefficient de Variation en %
Chiffre d'affaires	-9	17	**7**	40
Excédent Brut d'Exploitation (EBE)	-40	**98**	10	42
Emprunts	-24	34	9	**45**
Frais de recherche et de développement	-33	72	9	30
Matières premières et autres approvisionnements	-5	23	10	41
Subventions d'investissement	**-75**	**419**	**28**	30
Capitaux propres	-22	36	5	22
Charges d'exploitation	-10	19	8	40

Source : ANSD, Calcul de l'auteur, moyenne sur la période 1997-2012

ANNEXE 2 : REPARTITION DE LA VALEUR AJOUTEE DE L'INDUSTRIE (EN % DU PIB) PAR BRANCHE D'ACTIVITE DETAILLEE

	2 008	2 009	2 010	2 011	2 012
Activités extractives	0,7	1,1	1,1	1,2	1,2
Transformation et conservation de viande, poisson	2,5	2,9	2,6	2,9	2,9
Fabrication de corps gras alimentaires	0,1	0,1	0,1	0,1	0,1
Travail de grains, fabrication de produits	0,3	0,4	0,4	0,4	0,4
Fabrication de produits alimentaires céréaliers	0,5	0,5	0,5	0,5	0,6
Fabrication de sucre, transformation	0,5	0,4	0,4	0,4	0,4
Fabrication de produits alimentaires n.c.a	0,5	0,5	0,5	0,4	0,4
Fabrication de boissons	0,3	0,3	0,4	0,3	0,3
Fabrication de produits à base de tabac	0,2	0,2	0,2	0,2	0,2
Égrenage de coton et fabrication des textiles	1,1	1,1	1,1	1,1	1,1
Fabrication du cuir ; fabrication	0,1	0,1	0,1	0,2	0,2
Travail du bois et fabrication d'articles	0,5	0,5	0,5	0,5	0,5
Fabrication de papier, carton,	0,6	0,6	0,6	0,6	0,6
Raffinage pétrole, cokéfaction,	0,3	0,2	0,2	0,3	0,3
Fabrication de produits chimiques	1,0	1,1	1,1	1,2	1,1
Fabrication de produits en caoutchouc	0,3	0,4	0,4	0,4	0,4
Matériaux de construction	1,0	1,1	1,3	1,4	1,4
Métallurgie, fonderie, fabrication	0,7	0,6	0,6	0,6	0,5
Fabrication de machines	0,1	0,1	0,1	0,1	0,1
Fabrication d'équipements, d'appareils	0,0	0,0	0,0	0,0	0,0
Construction de matériels de transports	0,1	0,1	0,1	0,1	0,1
Autres industries manufacturières	1,1	1,1	1,1	1,1	1,1
Électricité, gaz et eau	2,6	2,4	2,5	2,4	2,4
Total VA industrie	15,1	15,8	15,9	16,4	16,3

Source : ANSD, Calcul de l'auteur

ANNEXE 3 : LA CONTRIBUTION DES BRANCHES D'ACTIVITE DE L'INDUSTRIE (EN %) AU TAUX DE CROISSANCE ECONOMIQUE

	2008	2009	2010	2011	2012[70]
Activités extractives	0,0	0,4	0,1	0,1	0,1
Transformation et conservation de viande, poisson	-0,1	0,4	-0,2	0,4	0,0
Travail de grains, fabrication de produits	-0,1	0,0	0,0	0,0	0,0
Fabrication de produits à base de tabac	0,1	0,0	0,0	0,0	0,0
Égrenage de coton et fabrication des textiles	-0,1	0,0	0,0	0,0	0,0
Travail du bois et fabrication d'articles	0,1	0,0	0,0	0,0	0,0
Fabrication de papier, carton,	0,0	0,0	0,0	0,0	0,0
Raffinage pétrole, cokéfaction,	0,0	0,0	0,0	0,0	0,0
Fabrication de produits chimiques	-0,2	0,1	0,1	0,1	-0,1
Matériaux de construction	0,0	0,1	0,2	0,1	0,0
Métallurgie, fonderie, fabrication	0,0	-0,1	0,1	0,0	0,0
Autres industries manufacturières	0,0	0,0	0,0	0,0	0,0
Électricité, gaz et eau	0,1	-0,1	0,2	-0,1	0,1
Taux de croissance économique	**3,7**	**2,4**	**4,2**	**1,7**	**3,4**

Source : ANSD, Calcul de l'auteur

---

[70] Les chiffres de 2012 sont des données de provision

ANNEXE 4 : EVOLUTION DE LA PRODUCTION DE QUELQUES BRANCHES D'ACTIVITE DE L'INDUSTRIE

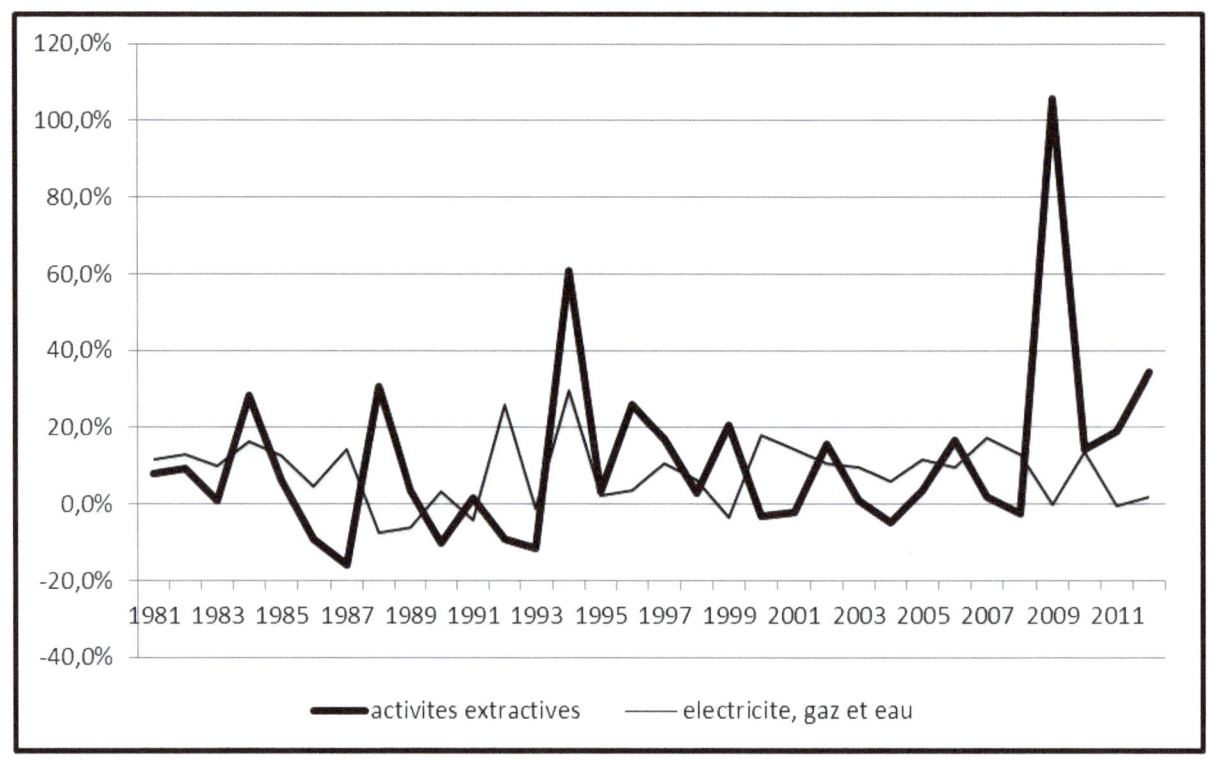

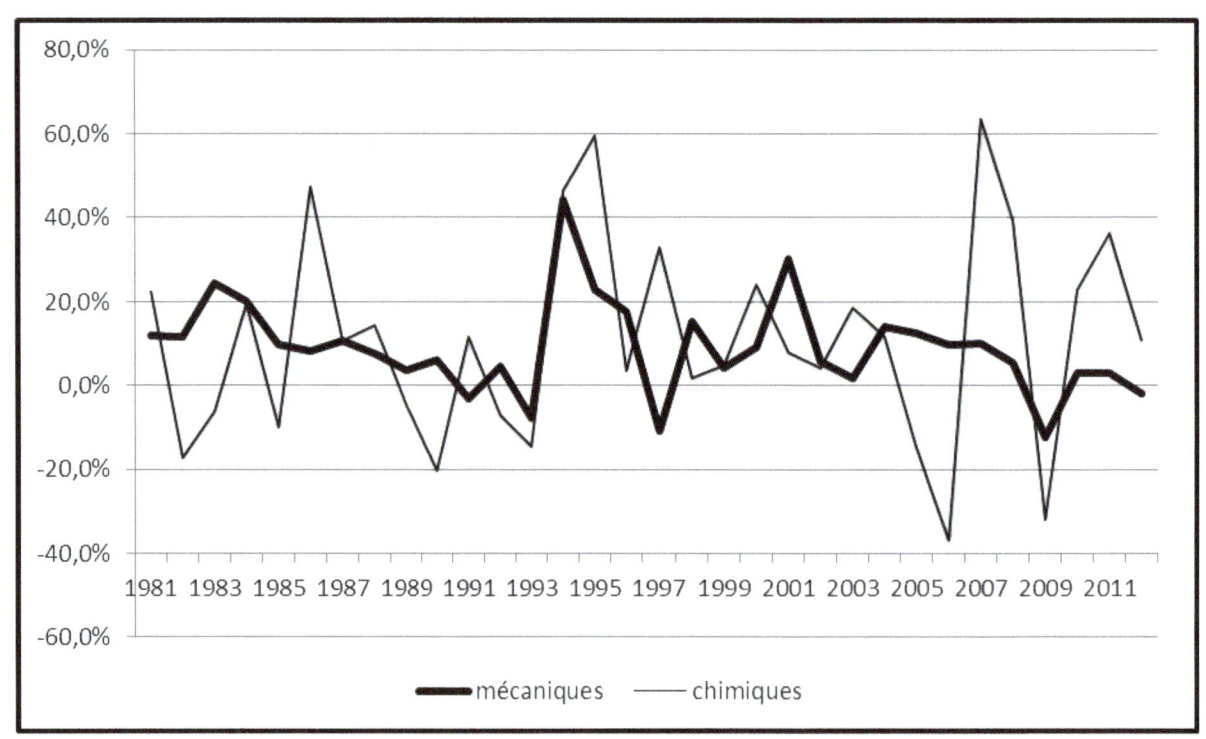

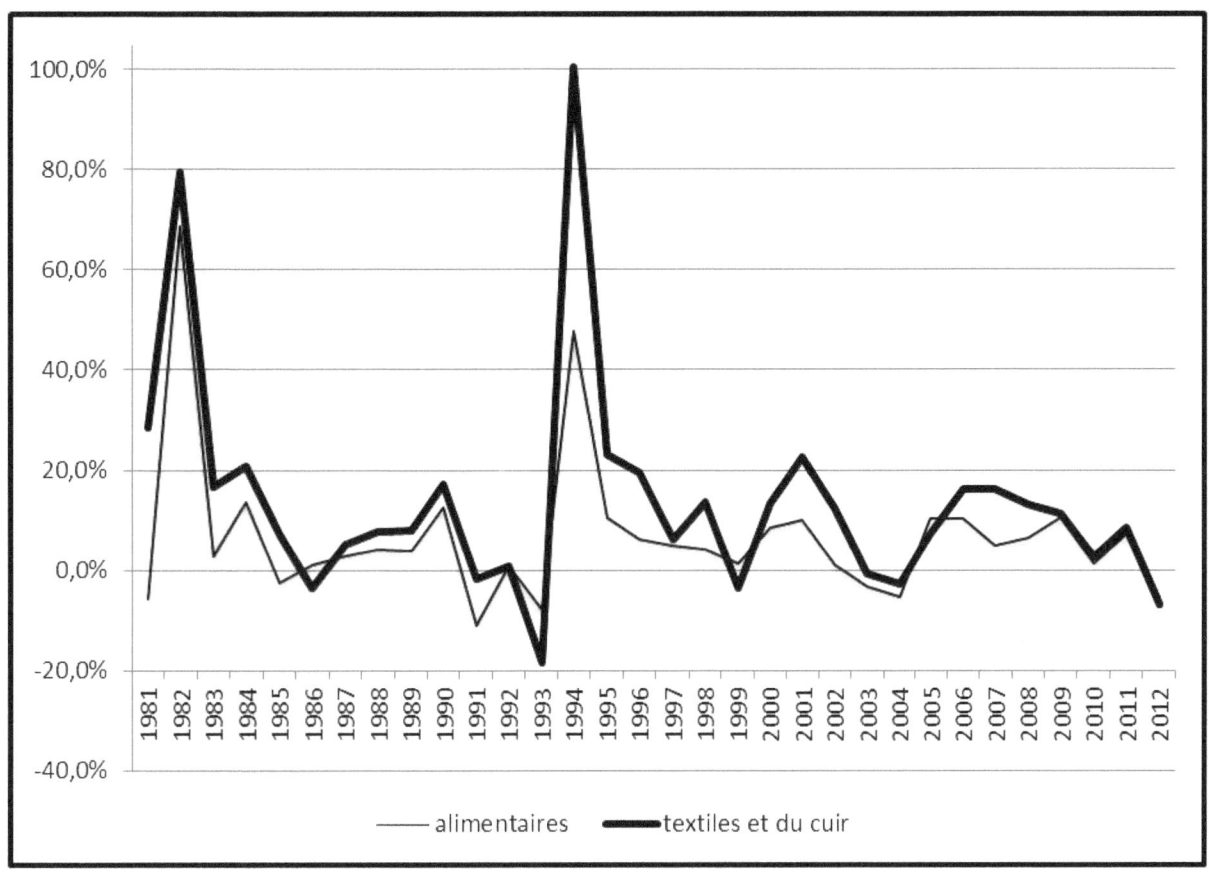

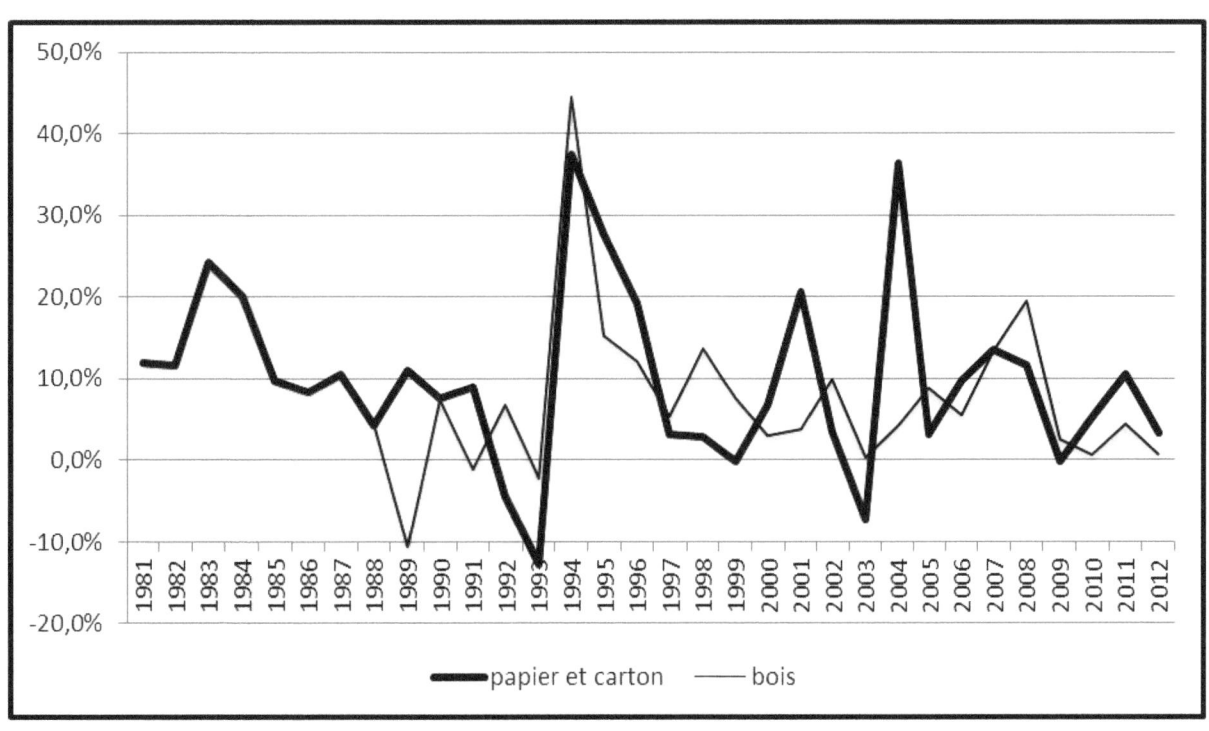

Source : ANSD, Calcul de l'auteur

ANNEXE 5 : TEST DE DICKER-FULLER AUGMENTE (ADF) SUR LA VARIABLE TCFBCF[71]

Null Hypothesis: TCFBCF has a unit root (cas 3)
Exogenous: Constant, Linear Trend
Lag Length: 2 (Fixed)

		t-Statistic	Prob.*
Augmented Dickey-Fuller test statistic		**-2.900203**	0.1770
Test critical values:	1% level	-4.309824	
	5% level	**-3.574244**	
	10% level	-3.221728	

Augmented Dickey-Fuller Test Equation
Dependent Variable: D(TCFBCF)
Method: Least Squares
Sample (adjusted): 1984 2012
Included observations: 29 after adjustments

Variable	Coefficient	Std. Error	t-Statistic	Prob.
TCFBCF (-1)	-1.017427	0.350812	-2.900203	0.0079
D(TCFBCF (-1))	-0.166171	0.240584	-0.690697	0.4964
D(TCFBCF (-2))	-0.211629	0.154145	-1.372918	0.1825
C	0.024136	0.032301	0.747204	0.4622
@TREND (1981)	0.001424	0.001551	**0.918177**	0.3677
R-squared	0.632583	Mean dependent var		0.001764
Adjusted R-squared	0.571347	S.D. dependent var		0.103419
S.E. of regression	0.067710	Akaike info criterion		-2.391582
Sum squared resid	0.110031	Schwarz criterion		-2.155841
Log likelihood	39.67793	F-statistic		10.33021
Durbin-Watson stat	1.728014	Prob(F-statistic)		0.000052

Null Hypothesis: TCFBCF has a unit root (cas 2)
Exogenous: Constant
Lag Length: 2 (Fixed)

		t-Statistic	Prob.*
Augmented Dickey-Fuller test statistic		**-2.792864**	0.0717
Test critical values:	1% level	-3.679322	
	5% level	**-2.967767**	
	10% level	-2.622989	

---

[71] La valeur critique pour tester la présence d'une tendance est approximativement égale à 2,79 (au seuil de 5%). Celle qui permet de tester la présence d'une constante dans le cas 2 est environ égale à 2,54 (au seuil de 5%).

Augmented Dickey-Fuller Test Equation
Dependent Variable: D(TCFBCF)
Method: Least Squares
Sample (adjusted): 1984 2012
Included observations: 29 after adjustments

Variable	Coefficient	Std. Error	t-Statistic	Prob.
TCFBCF (-1)	-0.962258	0.344542	-2.792864	0.0099
D(TCFBCF (-1))	-0.176128	0.239584	-0.735143	0.4691
D(TCFBCF (-2))	-0.213628	0.153645	-1.390396	0.1767
C	0.045635	0.022182	**2.057300**	0.0502
R-squared	0.619677	Mean dependent var		0.001764
Adjusted R-squared	0.574038	S.D. dependent var		0.103419
S.E. of regression	0.067497	Akaike info criterion		-2.426023
Sum squared resid	0.113896	Schwarz criterion		-2.237430
Log likelihood	39.17733	F-statistic		13.57784
Durbin-Watson stat	1.752265	Prob(F-statistic)		0.000019

Null Hypothesis: TCFBCF has a unit root (cas 1)
Exogenous: None
Lag Length: 2 (Fixed)

		t-Statistic	Prob.*
Augmented Dickey-Fuller test statistic		**-1.825945**	0.0652
Test critical values:	1% level	-2.647120	
	5% level	**-1.952910**	
	10% level	-1.610011	

Augmented Dickey-Fuller Test Equation
Dependent Variable: D(TCFBCF)
Method: Least Squares
Sample (adjusted): 1984 2012
Included observations: 29 after adjustments

Variable	Coefficient	Std. Error	t-Statistic	Prob.
TCFBCF (-1)	-0.378805	0.207457	-1.825945	0.0794
D(TCFBCF (-1))	-0.532217	0.175652	-3.029954	0.0055
D(TCFBCF (-2))	-0.379899	0.138556	-2.741845	0.0109
R-squared	0.555288	Mean dependent var		0.001764
Adjusted R-squared	0.521079	S.D. dependent var		0.103419
S.E. of regression	0.071570	Akaike info criterion		-2.338584
Sum squared resid	0.133179	Schwarz criterion		-2.197139
Log likelihood	36.90946	Durbin-Watson stat		1.791964

Source : ANSD, Calcul de l'auteur

ANNEXE 6 : ESTIMATION DES PARAMETRES DU MODELE VAR

Les données en () représentent les erreurs types. Celles en [] sont les statistiques de Student (à comparer à la valeur critique de la table de Student au seuil de 10% avec 14 degrés de liberté, correspondant à 1,76).

	TCI	TCCFM	TCCI	TCEXP	D(TCFBCF)	TCIMP	TCTE	TCTNP
TCI (-1)	-0.199376	-2.00E-15	-1.18E-15	8.25E-16	-1.16E-15	-2.36E-16	7.00E-16	1.30E-15
	(0.27725)	(1.1E-15)	(7.3E-16)	(1.5E-15)	(1.7E-15)	(1.1E-15)	(5.6E-16)	(1.1E-15)
	[-0.71911]	[-1.76009]	[-1.60971]	[0.53935]	[-0.70390]	[-0.22206]	[1.24103]	[1.17831]
TCCFM (-1)	0.048449	-5.65E-16	-1.08E-15	1.30E-15	1.13E-15	1.10E-15	5.65E-17	5.93E-16
	(0.16199)	(6.6E-16)	(4.3E-16)	(8.9E-16)	(9.7E-16)	(6.2E-16)	(3.3E-16)	(6.4E-16)
	[0.29909]	[-0.84932]	[-2.52543]	[1.45373]	[1.16947]	[1.77604]	[0.17146]	[0.92266]
TCCI (-1)	0.091177	-1.70E-16	-8.48E-17	1.19E-15	9.33E-16	-3.39E-16	-2.12E-16	1.70E-16
	(0.16597)	(6.8E-16)	(4.4E-16)	(9.2E-16)	(9.9E-16)	(6.4E-16)	(3.4E-16)	(6.6E-16)
	[0.54935]	[-0.24885]	[-0.19345]	[1.29637]	[0.94231]	[-0.53373]	[-0.62798]	[0.25747]
TCEXP (-1)	0.018602	6.98E-16	3.49E-16	-3.39E-16	-7.41E-17	-1.48E-16	-1.06E-16	-5.29E-16
	(0.06711)	(2.8E-16)	(1.8E-16)	(3.7E-16)	(4.0E-16)	(2.6E-16)	(1.4E-16)	(2.7E-16)
	[0.27719]	[2.53472]	[1.97044]	[-0.91458]	[-0.18509]	[-0.57659]	[-0.77532]	[-1.98673]
D(TCFBCF(-1))	-0.088781	7.46E-16	2.94E-16	-1.07E-16	6.33E-16	-9.04E-17	-8.90E-17	-3.39E-16
	(0.06791)	(2.8E-16)	(1.8E-16)	(3.7E-16)	(4.0E-16)	(2.6E-16)	(1.4E-16)	(2.7E-16)
	[-1.30740]	[2.67531]	[1.63858]	[-0.28658]	[1.56281]	[-0.34775]	[-0.64443]	[-1.25815]
TCIMP (-1)	-0.152551	-1.94E-16	-1.94E-16	1.29E-16	6.47E-17	1.29E-16	4.85E-17	3.56E-16
	(0.07183)	(2.9E-16)	(1.9E-16)	(4.0E-16)	(4.3E-16)	(2.7E-16)	(1.5E-16)	(2.9E-16)
	[-2.12370]	[-0.65856]	[-1.02390]	[0.32673]	[0.15113]	[0.47082]	[0.33238]	[1.24916]
TCTE (-1)	0.049543	2.53E-16	2.20E-16	-3.51E-16	-1.95E-16	1.17E-16	-1.17E-16	-3.90E-16
	(0.07895)	(3.2E-16)	(2.1E-16)	(4.4E-16)	(4.7E-16)	(3.0E-16)	(1.6E-16)	(3.1E-16)
	[0.62749]	[0.78172]	[1.05506]	[-0.80550]	[-0.41399]	[0.38691]	[-0.72837]	[-1.24428]
TCTNP (-1)	0.019772	1.33E-15	1.46E-15	-1.75E-15	-2.00E-15	-9.98E-16	-2.08E-16	-1.25E-15
	(0.19673)	(8.1E-16)	(5.2E-16)	(1.1E-15)	(1.2E-15)	(7.5E-16)	(4.0E-16)	(7.8E-16)
	[0.10051]	[1.64746]	[2.80654]	[-1.60916]	[-1.70135]	[-1.32503]	[-0.51967]	[-1.59796]
C	0.023895	6.50E-17	3.47E-17	-6.93E-17	6.07E-17	1.08E-17	-2.17E-17	-5.63E-17
	(0.01076)	(4.4E-17)	(2.8E-17)	(5.9E-17)	(6.4E-17)	(4.1E-17)	(2.2E-17)	(4.3E-17)
	[2.22140]	[1.47180]	[1.22043]	[-1.16833]	[0.94575]	[0.26306]	[-0.99043]	[-1.31973]
TCCFM	-0.189433	1.000000	7.77E-16	1.94E-16	8.74E-16	-9.71E-16	1.94E-16	-2.91E-16
	(0.19240)	(7.9E-16)	(5.1E-16)	(1.1E-15)	(1.1E-15)	(7.4E-16)	(3.9E-16)	(7.6E-16)
	[-0.98459]	[1.3e+15]	[1.52881]	[0.18294]	[0.76161]	[-1.31810]	[0.49628]	[-0.38151]
TCCI	0.330579	6.80E-16	1.000000	6.82E-16	-8.53E-16	3.41E-16	8.53E-17	-1.51E-15
	(0.16257)	(6.7E-16)	(4.3E-16)	(9.0E-16)	(9.7E-16)	(6.2E-16)	(3.3E-16)	(6.5E-16)
	[2.03344]	[1.01877]	[2.3e+15]	[0.76092]	[-0.87993]	[0.54824]	[0.25802]	[-2.34715]

TCEXP	0.032670	-2.19E-16	-1.87E-16	1.000000	7.31E-17	9.75E-17	2.44E-17	3.17E-16
	(0.04120)	(1.7E-16)	(1.1E-16)	(2.3E-16)	(2.5E-16)	(1.6E-16)	(8.4E-17)	(1.6E-16)
	[0.79304]	[-1.29737]	[-1.71988]	[4.4e+15]	[0.29779]	[0.61846]	[0.29107]	[1.93921]
D(TCFBCF)	0.016192	1.32E-15	6.31E-16	-4.82E-16	1.000000	-2.07E-16	-9.84E-17	-9.95E-16
	(0.10600)	(4.4E-16)	(2.8E-16)	(5.8E-16)	(6.3E-16)	(4.1E-16)	(2.2E-16)	(4.2E-16)
	[0.15275]	[3.03289]	[2.25367]	[-0.82409]	[1.6e+15]	[-0.51067]	[-0.45665]	[-2.36492]
TCIMP	-0.017446	-2.54E-16	-2.89E-16	1.47E-16	-1.50E-16	1.000000	1.74E-16	-2.23E-16
	(0.06338)	(2.6E-16)	(1.7E-16)	(3.5E-16)	(3.8E-16)	(2.4E-16)	(1.3E-16)	(2.5E-16)
	[-0.27526]	[-0.97642]	[-1.72982]	[0.42030]	[-0.39807]	[4.1e+15]	[1.35242]	[-0.88804]
TCTE	0.123545	4.00E-17	5.86E-18	1.20E-16	-5.98E-17	0.000000	1.000000	-1.22E-16
	(0.05985)	(2.5E-16)	(1.6E-16)	(3.3E-16)	(3.6E-16)	(2.3E-16)	(1.2E-16)	(2.4E-16)
	[2.06423]	[0.16288]	[0.03710]	[0.36234]	[-0.16760]	[0.00000]	[8.2e+15]	[-0.51474]
TCTNP	0.090708	-3.46E-15	-1.15E-15	0.000000	0.000000	0.000000	0.000000	1.000000
	(0.25926)	(1.1E-15)	(6.8E-16)	(1.4E-15)	(1.5E-15)	(9.9E-16)	(5.3E-16)	(1.0E-15)
	[0.34988]	[-3.24942]	[-1.68402]	[0.00000]	[0.00000]	[0.00000]	[0.00000]	[9.7e+14]

R-squared	0.780596	1.000000	1.000000	1.000000	1.000000	1.000000	1.000000	1.000000
R² ajusté	0.545520	1.000000	1.000000	1.000000	1.000000	1.000000	1.000000	1.000000

Log likelihood	7701.812
Akaike information criterion	-504.9208
Schwarz criterion	-498.9423

<u>Source</u> : ANSD, Calcul de l'auteur

ANNEXE 7 : EVOLUTION DES RESIDUS DES EQUATIONS DU MODELE VAR

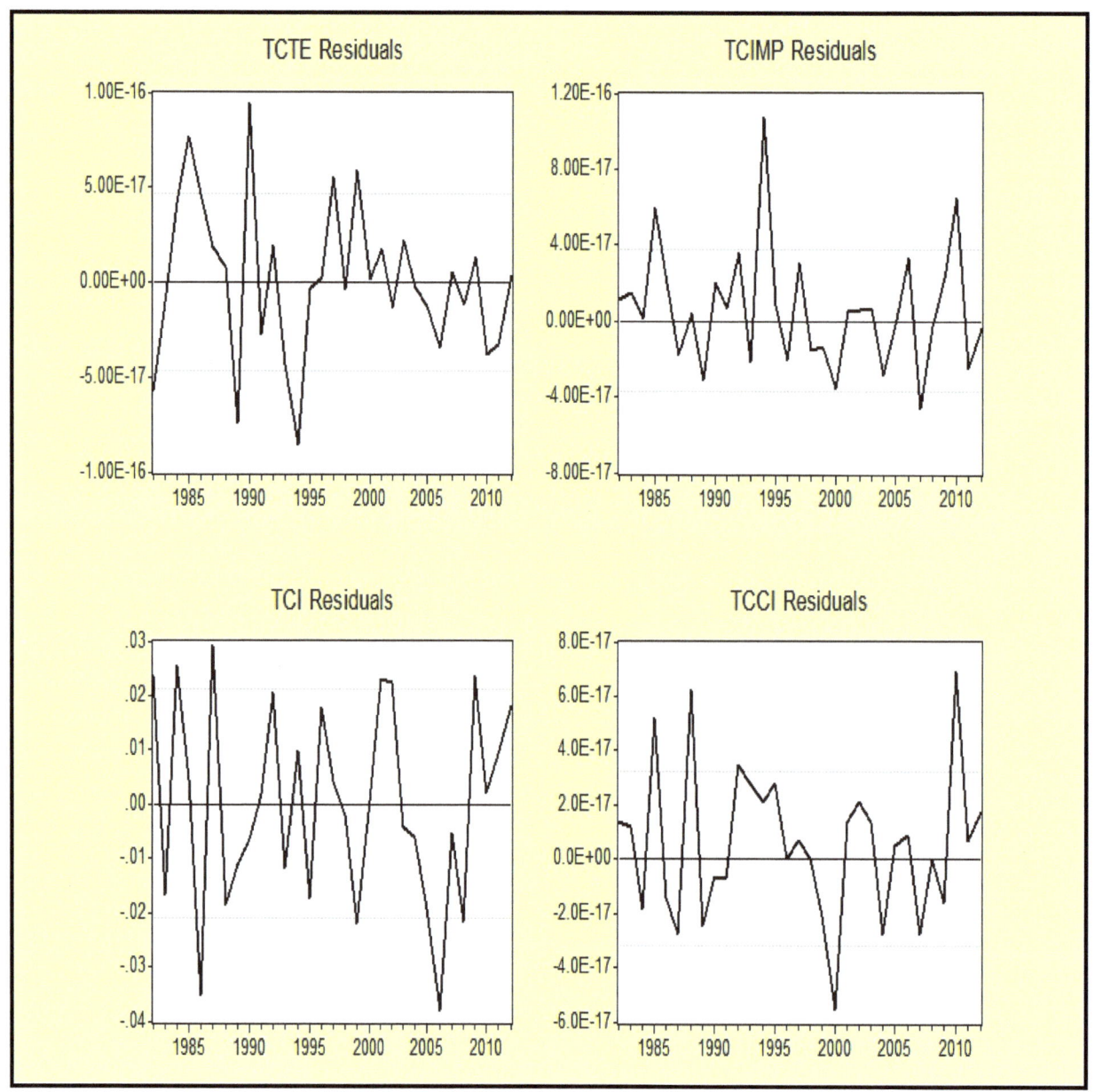

Source : ANSD, Calcul de l'auteur

ANNEXE 8 : ESTIMATION DES PARAMETRES DU MODELE POUR CHAQUE BRANCHE D'ACTIVITE DE L'INDUSTRIE

Les séries TCCI, TCCFM, TCEXP, TCIMP et TCI concernent uniquement le branche d'activité donnée. Les séries telles que TCTE, TCFBCF et TCTNP concernent l'ensemble de l'économie. Ce sont des variables de contrôle ici.

TCI1 est le taux de croissance de la valeur ajoutée des industries extractives

	TCI1	TCCI	TCEXP	D(TCFBCF)	TCIMP	TCTE	TCTNP
TCI1 (-1)	-0.122456	-1.08E-16	-4.04E-16	-3.59E-17	-4.49E-17	3.14E-17	-1.80E-17
	(0.19154)	(2.9E-16)	(5.5E-16)	(1.8E-16)	(6.0E-16)	(1.0E-16)	(1.2E-16)
	[-0.63932]	[-0.37243]	[-0.73382]	[-0.19815]	[-0.07446]	[0.31220]	[-0.15368]
TCCI (-1)	-0.027637	-2.06E-17	6.58E-16	2.26E-16	2.06E-16	-1.03E-17	-3.08E-17
	(0.08161)	(1.2E-16)	(2.3E-16)	(7.7E-17)	(2.6E-16)	(4.3E-17)	(5.0E-17)
	[-0.33864]	[-0.16684]	[2.80514]	[2.92931]	[0.80050]	[-0.23976]	[-0.61960]
TCEXP (-1)	0.144884	7.44E-18	9.53E-17	0.000000	-2.38E-17	-2.08E-17	2.38E-17
	(0.07190)	(1.1E-16)	(2.1E-16)	(6.8E-17)	(2.3E-16)	(3.8E-17)	(4.4E-17)
	[2.01507]	[0.06856]	[0.46111]	[0.00000]	[-0.10527]	[-0.55176]	[0.54320]
D(TCFBCF (-1))	0.160155	1.18E-16	-4.63E-16	-1.68E-16	1.68E-16	2.63E-18	-8.94E-17
	(0.15175)	(2.3E-16)	(4.4E-16)	(1.4E-16)	(4.8E-16)	(8.0E-17)	(9.3E-17)
	[1.05538]	[0.51637]	[-1.06114]	[-1.17222]	[0.35237]	[0.03298]	[-0.96595]
TCIMP (-1)	-0.053764	-3.07E-17	-3.07E-17	1.54E-17	-1.23E-16	-3.07E-17	1.54E-17
	(0.04787)	(7.2E-17)	(1.4E-16)	(4.5E-17)	(1.5E-16)	(2.5E-17)	(2.9E-17)
	[-1.12311]	[-0.42511]	[-0.22337]	[0.33928]	[-0.81589]	[-1.22183]	[0.52626]
TCTE (-1)	-0.051605	-1.42E-16	-7.11E-16	-2.49E-16	-1.42E-16	6.22E-17	2.67E-17
	(0.19962)	(3.0E-16)	(5.7E-16)	(1.9E-16)	(6.3E-16)	(1.0E-16)	(1.2E-16)
	[-0.25852]	[-0.47184]	[-1.23960]	[-1.31801]	[-0.22639]	[0.59331]	[0.21904]
TCTNP (-1)	0.687330	-1.02E-15	-1.50E-15	-3.33E-16	-1.67E-16	5.60E-17	4.17E-17
	(0.34694)	(5.2E-16)	(1.0E-15)	(3.3E-16)	(1.1E-15)	(1.8E-16)	(2.1E-16)
	[1.98112]	[-1.94813]	[-1.50407]	[-1.01537]	[-0.15261]	[0.30710]	[0.19687]
C	0.024269	8.31E-17	1.38E-17	3.46E-18	1.11E-16	6.92E-18	-3.46E-17
	(0.02423)	(3.7E-17)	(7.0E-17)	(2.3E-17)	(7.6E-17)	(1.3E-17)	(1.5E-17)
	[1.00156]	[2.27064]	[0.19884]	[0.15101]	[1.45263]	[0.54384]	[-2.34243]
TCCI	0.135677	1.000000	-2.49E-17	-1.24E-17	-1.99E-16	1.71E-17	-5.60E-17
	(0.07880)	(1.2E-16)	(2.3E-16)	(7.5E-17)	(2.5E-16)	(4.1E-17)	(4.8E-17)
	[1.72179]	[8.4e+15]	[-0.10987]	[-0.16688]	[-0.80261]	[0.41317]	[-1.16482]
TCEXP	0.271402	5.71E-17	1.000000	-1.01E-16	-6.76E-17	2.11E-17	2.11E-17

	(0.04816)	(7.3E-17)	(1.4E-16)	(4.6E-17)	(1.5E-16)	(2.5E-17)	(2.9E-17)
	[5.63560]	[0.78474]	[7.2e+15]	[-2.22383]	[-0.44565]	[0.83423]	[0.71864]
D(TCFBCF)	0.404329	-1.78E-16	-1.69E-15	1.000000	7.27E-16	1.05E-16	-2.80E-16
	(0.22614)	(3.4E-16)	(6.5E-16)	(2.1E-16)	(7.1E-16)	(1.2E-16)	(1.4E-16)
	[1.78792]	[-0.52249]	[-2.60213]	[4.7e+15]	[1.02182]	[0.88495]	[-2.03287]
TCIMP	-0.079246	6.77E-17	6.77E-18	1.18E-17	1.000000	-1.15E-17	-3.07E-17
	(0.04165)	(6.3E-17)	(1.2E-16)	(3.9E-17)	(1.3E-16)	(2.2E-17)	(2.5E-17)
	[-1.90260]	[1.07646]	[0.05651]	[0.30024]	[7.6e+15]	[-0.52524]	[-1.20656]
TCTE	0.260987	0.000000	5.08E-16	2.42E-16	-6.03E-16	1.000000	2.06E-18
	(0.19816)	(3.0E-16)	(5.7E-16)	(1.9E-16)	(6.2E-16)	(1.0E-16)	(1.2E-16)
	[1.31703]	[0.00000]	[0.89167]	[1.29192]	[-0.96657]	[9.6e+15]	[0.01702]
TCTNP	-0.942112	0.000000	8.51E-16	0.000000	-3.71E-15	-1.55E-16	1.000000
	(0.48821)	(7.4E-16)	(1.4E-15)	(4.6E-16)	(1.5E-15)	(2.6E-16)	(3.0E-16)
	[-1.92974]	[0.00000]	[0.60660]	[0.00000]	[-2.41715]	[-0.60330]	[3.4e+15]
R² ajusté	0.704532	1.000000	1.000000	1.000000	1.000000	1.000000	1.000000

TCI2 est le taux de croissance de la valeur ajoutée des industries alimentaires

	TCI2	TCCFM	D(TCCI)	TCEXP	D(TCFBCF)	TCIMP	TCTE	TCTNP
TCI2 (-1)	-0.265666	-5.74E-16	-1.00E-15	-9.57E-17	-3.35E-16	2.39E-15	1.03E-15	-1.44E-16
	(0.31535)	(2.8E-16)	(1.2E-15)	(1.2E-15)	(1.0E-15)	(1.7E-15)	(8.5E-16)	(4.8E-16)
	[-0.84245]	[-2.05541]	[-0.86965]	[-0.08057]	[-0.32268]	[1.42228]	[1.20508]	[-0.29892]
TCCFM (-1)	0.021124	9.07E-16	4.58E-15	2.20E-15	-3.82E-16	1.62E-15	-1.48E-15	1.50E-15
	(0.43840)	(3.9E-16)	(1.6E-15)	(1.7E-15)	(1.4E-15)	(2.3E-15)	(1.2E-15)	(6.7E-16)
	[0.04819]	[2.33672]	[2.85452]	[1.33059]	[-0.26479]	[0.69443]	[-1.24760]	[2.25362]
D(TCCI (-1))	0.013756	-5.39E-17	-1.45E-15	-1.40E-15	0.000000	0.000000	-2.69E-16	-1.55E-16
	(0.12202)	(1.1E-16)	(4.5E-16)	(4.6E-16)	(4.0E-16)	(6.5E-16)	(3.3E-16)	(1.9E-16)
	[0.11273]	[-0.49850]	[-3.23905]	[-3.04836]	[0.00000]	[0.00000]	[-0.81563]	[-0.83371]
TCEXP (-1)	0.020533	1.33E-16	3.56E-16	8.89E-17	-5.56E-17	-2.96E-16	-4.15E-16	4.44E-17
	(0.07888)	(7.0E-17)	(2.9E-16)	(3.0E-16)	(2.6E-16)	(4.2E-16)	(2.1E-16)	(1.2E-16)
	[0.26031]	[1.90834]	[1.23036]	[0.29922]	[-0.21399]	[-0.70427]	[-1.94281]	[0.37004]
D(TCFBCF (-1))	0.011415	1.64E-16	1.41E-16	3.75E-16	6.57E-16	-1.31E-15	2.41E-16	-2.70E-16
	(0.12011)	(1.1E-16)	(4.4E-16)	(4.5E-16)	(4.0E-16)	(6.4E-16)	(3.3E-16)	(1.8E-16)
	[0.09504]	[1.54402]	[0.31997]	[0.83005]	[1.66214]	[-2.05135]	[0.73984]	[-1.47560]

TCIMP (-1)	-0.012894	6.70E-17	6.14E-17	1.79E-16	4.02E-16	5.96E-17	-2.98E-17	1.34E-16
	(0.06016)	(5.3E-17)	(2.2E-16)	(2.3E-16)	(2.0E-16)	(3.2E-16)	(1.6E-16)	(9.2E-17)
	[-0.21431]	[1.25748]	[0.27869]	[0.78868]	[2.03051]	[0.18563]	[-0.18288]	[1.46300]
TCTE (-1)	0.102524	-3.74E-17	-3.74E-16	0.000000	1.12E-16	-5.75E-17	-1.50E-16	-6.78E-17
	(0.12939)	(1.1E-16)	(4.7E-16)	(4.9E-16)	(4.3E-16)	(6.9E-16)	(3.5E-16)	(2.0E-16)
	[0.79235]	[-0.32617]	[-0.78859]	[0.00000]	[0.26334]	[-0.08337]	[-0.42694]	[-0.34390]
TCTNP (-1)	-0.142553	-6.39E-16	-1.96E-15	-1.22E-15	-2.55E-15	-7.98E-17	3.19E-16	-8.78E-16
	(0.31081)	(2.8E-16)	(1.1E-15)	(1.2E-15)	(1.0E-15)	(1.7E-15)	(8.4E-16)	(4.7E-16)
	[-0.45864]	[-2.31935]	[-1.71732]	[-1.03987]	[-2.49679]	[-0.04815]	[0.37949]	[-1.85518]
C	0.020886	6.82E-18	-7.84E-17	-7.50E-17	5.57E-17	-6.82E-17	-2.13E-17	-4.77E-17
	(0.01422)	(1.3E-17)	(5.2E-17)	(5.4E-17)	(4.7E-17)	(7.6E-17)	(3.8E-17)	(2.2E-17)
	[1.46902]	[0.54153]	[-1.50566]	[-1.40102]	[1.19096]	[-0.89933]	[-0.55377]	[-2.20513]
TCCFM	0.369279	1.000000	4.82E-16	1.69E-15	5.42E-16	-2.41E-15	1.77E-15	-1.04E-15
	(0.38552)	(3.4E-16)	(1.4E-15)	(1.5E-15)	(1.3E-15)	(2.1E-15)	(1.0E-15)	(5.9E-16)
	[0.95788]	[2.9e+15]	[0.34117]	[1.16163]	[0.42724]	[-1.17175]	[1.69317]	[-1.77859]
D(TCCI)	-0.096500	3.84E-16	1.000000	-4.57E-16	-1.17E-15	1.60E-15	-1.37E-15	7.00E-16
	(0.25305)	(2.2E-16)	(9.3E-16)	(9.5E-16)	(8.3E-16)	(1.3E-15)	(6.8E-16)	(3.9E-16)
	[-0.38134]	[1.71266]	[1.1e+15]	[-0.47974]	[-1.40668]	[1.18561]	[-2.00243]	[1.81693]
TCEXP	0.115362	-4.87E-17	3.95E-17	1.000000	1.15E-16	8.34E-17	6.26E-17	-1.82E-17
	(0.06079)	(5.4E-17)	(2.2E-16)	(2.3E-16)	(2.0E-16)	(3.2E-16)	(1.6E-16)	(9.3E-17)
	[1.89776]	[-0.90417]	[0.17717]	[4.4e+15]	[0.57335]	[0.25731]	[0.38026]	[-0.19716]
D(TCFBCF)	0.159881	-6.23E-17	-6.17E-16	-2.50E-16	1.000000	-3.92E-16	2.04E-17	-6.54E-16
	(0.14418)	(1.3E-16)	(5.3E-16)	(5.4E-16)	(4.7E-16)	(7.7E-16)	(3.9E-16)	(2.2E-16)
	[1.10887]	[-0.48780]	[-1.16751]	[-0.46112]	[2.1e+15]	[-0.51029]	[0.05237]	[-2.97910]
TCIMP	0.033097	7.47E-18	1.91E-16	2.05E-16	-3.04E-16	1.000000	-1.38E-16	1.07E-16
	(0.06880)	(6.1E-17)	(2.5E-16)	(2.6E-16)	(2.3E-16)	(3.7E-16)	(1.9E-16)	(1.0E-16)
	[0.48105]	[0.12254]	[0.75823]	[0.79270]	[-1.34316]	[2.7e+15]	[-0.74363]	[1.01687]
TCTE	0.178516	8.01E-17	-5.51E-17	-3.73E-16	-2.16E-16	1.60E-16	1.000000	8.25E-17
	(0.13693)	(1.2E-16)	(5.0E-16)	(5.2E-16)	(4.5E-16)	(7.3E-16)	(3.7E-16)	(2.1E-16)
	[1.30368]	[0.66071]	[-0.10982]	[-0.72328]	[-0.47853]	[0.21945]	[2.7e+15]	[0.39585]
TCTNP	-0.310632	0.000000	0.000000	-6.18E-16	1.24E-15	0.000000	3.09E-16	1.000000
	(0.37746)	(3.3E-16)	(1.4E-15)	(1.4E-15)	(1.2E-15)	(2.0E-15)	(1.0E-15)	(5.7E-16)
	[-0.82296]	[0.00000]	[0.00000]	[-0.43498]	[0.99547]	[0.00000]	[0.30260]	[1.7e+15]
R^2 ajusté	0.310220	1.000000	1.000000	1.000000	1.000000	1.000000	1.000000	1.000000

TCI3 est le taux de croissance de la valeur ajoutée des industries chimiques

	TCI3	TCCFM	TCCI	TCEXP	D(TCFBCF)	TCIMP	TCTE	TCTNP
TCI3(-1)	-0.157966	4.92E-16	-9.45E-17	2.72E-15	7.56E-17	-3.78E-17	-1.35E-16	7.56E-17
	(0.31016)	(3.5E-16)	(2.3E-16)	(9.1E-16)	(3.5E-16)	(3.4E-16)	(7.7E-17)	(3.1E-16)
	[-0.50930]	[1.41004]	[-0.41688]	[2.97951]	[0.21723]	[-0.11162]	[-1.74953]	[0.24358]
TCCFM (-1)	0.023315	1.44E-16	-2.16E-17	-4.03E-16	1.44E-17	1.58E-16	3.96E-17	1.42E-16
	(0.14594)	(1.6E-16)	(1.1E-16)	(4.3E-16)	(1.6E-16)	(1.6E-16)	(3.6E-17)	(1.5E-16)
	[0.15976]	[0.87811]	[-0.20250]	[-0.93806]	[0.08793]	[0.99403]	[1.09096]	[0.97367]
TCCI (-1)	-0.240977	-4.07E-16	4.75E-16	-9.50E-15	1.36E-15	-1.36E-15	6.78E-16	8.82E-16
	(1.24309)	(1.4E-15)	(9.1E-16)	(3.7E-15)	(1.4E-15)	(1.4E-15)	(3.1E-16)	(1.2E-15)
	[-0.19385]	[-0.29135]	[0.52258]	[-2.59373]	[0.97254]	[-0.99945]	[2.19381]	[0.70883]
TCEXP (-1)	-0.004027	-4.20E-17	3.85E-17	-1.60E-16	-4.40E-17	5.19E-17	0.000000	-3.60E-17
	(0.04063)	(4.6E-17)	(3.0E-17)	(1.2E-16)	(4.6E-17)	(4.4E-17)	(1.0E-17)	(4.1E-17)
	[-0.09913]	[-0.91890]	[1.29498]	[-1.33556]	[-0.96400]	[1.17080]	[0.00000]	[-0.88440]
D(TCFBCF(-1))	0.021239	-2.58E-16	-2.15E-17	4.73E-16	1.72E-16	6.45E-17	-3.23E-17	-2.58E-16
	(0.23195)	(2.6E-16)	(1.7E-16)	(6.8E-16)	(2.6E-16)	(2.5E-16)	(5.8E-17)	(2.3E-16)
	[0.09157]	[-0.98995]	[-0.12683]	[0.69244]	[0.66089]	[0.25469]	[-0.55905]	[-1.11158]
TCIMP (-1)	-0.219876	-2.90E-16	4.14E-17	1.62E-16	-1.66E-17	-1.33E-16	8.28E-18	-1.49E-16
	(0.15113)	(1.7E-16)	(1.1E-16)	(4.5E-16)	(1.7E-16)	(1.7E-16)	(3.8E-17)	(1.5E-16)
	[-1.45486]	[-1.70699]	[0.37490]	[0.36285]	[-0.09768]	[-0.80305]	[0.22034]	[-0.98574]
TCTE (-1)	-0.053358	-3.54E-16	1.62E-16	-1.35E-15	-8.25E-17	7.08E-17	7.44E-17	8.86E-18
	(0.30423)	(3.4E-16)	(2.2E-16)	(9.0E-16)	(3.4E-16)	(3.3E-16)	(7.6E-17)	(3.0E-16)
	[-0.17538]	[-1.03594]	[0.72665]	[-1.50191]	[-0.24152]	[0.21322]	[0.98265]	[0.02908]
TCTNP (-1)	-0.302414	-1.11E-15	6.65E-16	-8.10E-16	-2.03E-15	1.57E-15	-1.52E-16	-6.08E-16
	(0.55330)	(6.2E-16)	(4.0E-16)	(1.6E-15)	(6.2E-16)	(6.0E-16)	(1.4E-16)	(5.5E-16)
	[-0.54657]	[-1.79132]	[1.64299]	[-0.49705]	[-3.26149]	[2.59760]	[-1.10357]	[-1.09713]
C	-0.004085	-1.72E-17	-1.12E-16	2.75E-16	6.45E-17	-5.16E-17	-1.07E-17	-4.08E-17
	(0.04727)	(5.3E-17)	(3.5E-17)	(1.4E-16)	(5.3E-17)	(5.2E-17)	(1.2E-17)	(4.7E-17)
	[-0.08641]	[-0.32360]	[-3.23378]	[1.97541]	[1.21520]	[-0.99906]	[-0.91373]	[-0.86298]
TCCFM	0.162060	1.000000	-9.60E-17	-9.35E-16	2.09E-16	-1.34E-16	1.34E-16	4.17E-17
	(0.16826)	(1.9E-16)	(1.2E-16)	(5.0E-16)	(1.9E-16)	(1.8E-16)	(4.2E-17)	(1.7E-16)
	[0.96316]	[5.3e+15]	[-0.78023]	[-1.88574]	[1.10480]	[-0.72664]	[3.18996]	[0.24776]
TCCI	1.769883	-9.43E-16	1.000000	-2.22E-15	-1.11E-15	1.39E-15	-9.27E-17	-1.48E-15
	(0.90597)	(1.0E-15)	(6.6E-16)	(2.7E-15)	(1.0E-15)	(9.9E-16)	(2.3E-16)	(9.1E-16)
	[1.95357]	[-0.92628]	[1.5e+15]	[-0.83355]	[-1.09391]	[1.40523]	[-0.41127]	[-1.63547]
TCEXP	0.069199	-2.50E-17	-5.82E-18	1.000000	1.27E-17	0.000000	1.48E-17	8.61E-18
	(0.03807)	(4.3E-17)	(2.8E-17)	(1.1E-16)	(4.3E-17)	(4.2E-17)	(9.5E-18)	(3.8E-17)
	[1.81769]	[-0.58490]	[-0.20908]	[8.9e+15]	[0.29753]	[0.00000]	[1.56604]	[0.22589]

D(TCFBCF)	-0.188011	-1.19E-15	1.66E-16	-7.15E-16	1.000000	3.44E-16	0.000000	-8.59E-16
	(0.35184)	(4.0E-16)	(2.6E-16)	(1.0E-15)	(3.9E-16)	(3.8E-16)	(8.8E-17)	(3.5E-16)
	[-0.53437]	[-3.00278]	[0.64602]	[-0.68993]	[2.5e+15]	[0.89408]	[0.00000]	[-2.43885]
TCIMP	-0.100689	-6.73E-17	7.44E-17	1.23E-15	-1.50E-16	1.000000	-9.44E-17	-7.77E-17
	(0.17475)	(2.0E-16)	(1.3E-16)	(5.1E-16)	(2.0E-16)	(1.9E-16)	(4.3E-17)	(1.7E-16)
	[-0.57617]	[-0.34276]	[0.58254]	[2.38337]	[-0.76390]	[5.2e+15]	[-2.17026]	[-0.44421]
TCTE	0.245637	-2.46E-17	1.93E-16	-2.81E-16	-2.11E-16	2.12E-16	1.000000	-2.13E-16
	(0.29471)	(3.3E-16)	(2.2E-16)	(8.7E-16)	(3.3E-16)	(3.2E-16)	(7.3E-17)	(2.9E-16)
	[0.83348]	[-0.07429]	[0.89608]	[-0.32324]	[-0.63682]	[0.65929]	[1.4e+16]	[-0.72296]
TCTNP	0.514817	2.42E-15	-4.03E-16	3.22E-15	0.000000	1.51E-16	-2.01E-16	1.000000
	(0.82294)	(9.2E-16)	(6.0E-16)	(2.4E-15)	(9.2E-16)	(9.0E-16)	(2.0E-16)	(8.2E-16)
	[0.62559]	[2.61175]	[-0.66922]	[1.32860]	[0.00000]	[0.16799]	[-0.98328]	[1.2e+15]
R² ajusté	0.251140	1.000000	1.000000	1.000000	1.000000	1.000000	1.000000	1.000000

TCI4 est le taux de croissance de la valeur ajoutée des industries mécaniques

	TCI4	TCCFM	TCCI	TCEXP	D(TCFBCF)	TCIMP	TCTE	TCTNP
TCI4(-1)	0.257884	0.000000	-9.88E-17	-3.16E-15	-2.35E-16	9.88E-17	4.94E-17	7.41E-17
	(0.27780)	(1.5E-16)	(9.4E-17)	(1.9E-15)	(2.9E-16)	(2.5E-16)	(1.5E-16)	(2.6E-16)
	[0.92832]	[0.00000]	[-1.04753]	[-1.63316]	[-0.80332]	[0.40139]	[0.33756]	[0.29002]
TCCFM (-1)	0.041498	-2.26E-16	6.47E-17	-2.59E-15	1.94E-16	-6.47E-17	-5.66E-17	-3.15E-16
	(0.36890)	(2.0E-16)	(1.3E-16)	(2.6E-15)	(3.9E-16)	(3.3E-16)	(1.9E-16)	(3.4E-16)
	[0.11249]	[-1.11168]	[0.51643]	[-1.00642]	[0.50025]	[-0.19788]	[-0.29122]	[-0.92934]
TCCI (-1)	-0.804248	-3.60E-16	-2.88E-16	5.18E-15	-4.94E-16	0.000000	3.51E-16	1.87E-15
	(0.95373)	(5.3E-16)	(3.2E-16)	(6.6E-15)	(1.0E-15)	(8.4E-16)	(5.0E-16)	(8.8E-16)
	[-0.84326]	[-0.68330]	[-0.88879]	[0.77944]	[-0.49325]	[0.00000]	[0.69811]	[2.13257]
TCEXP (-1)	-0.009729	8.71E-18	6.93E-18	-2.53E-17	5.20E-18	7.92E-18	-1.98E-18	-1.31E-17
	(0.01939)	(1.1E-17)	(6.6E-18)	(1.4E-16)	(2.0E-17)	(1.7E-17)	(1.0E-17)	(1.8E-17)
	[-0.50183]	[0.81422]	[1.05307]	[-0.18763]	[0.25502]	[0.46116]	[-0.19391]	[-0.73303]
D(TCFBCF (-1))	-0.198074	-5.12E-17	3.59E-17	-1.43E-16	2.46E-16	-3.28E-16	-5.89E-17	-1.95E-16
	(0.18117)	(1.0E-16)	(6.1E-17)	(1.3E-15)	(1.9E-16)	(1.6E-16)	(9.5E-17)	(1.7E-16)
	[-1.09332]	[-0.51263]	[0.58344]	[-0.11370]	[1.29182]	[-2.04401]	[-0.61774]	[-1.16917]
TCIMP (-1)	-0.110031	-1.79E-16	-4.09E-17	-1.72E-15	-7.17E-16	1.25E-16	2.33E-16	9.14E-16
	(0.35893)	(2.0E-16)	(1.2E-16)	(2.5E-15)	(3.8E-16)	(3.2E-16)	(1.9E-16)	(3.3E-16)
	[-0.30655]	[-0.90521]	[-0.33575]	[-0.68838]	[-1.90092]	[0.39477]	[1.23310]	[2.77082]
TCTE (-1)	-0.216918	-1.71E-17	-1.71E-17	1.04E-15	-1.00E-16	1.03E-16	3.10E-17	-3.85E-17
	(0.21042)	(1.2E-16)	(7.1E-17)	(1.5E-15)	(2.2E-16)	(1.9E-16)	(1.1E-16)	(1.9E-16)

	[-1.03086]	[-0.14721]	[-0.23935]	[0.71134]	[-0.45405]	[0.55029]	[0.27959]	[-0.19880]
TCTNP (-1)	0.445819	5.58E-16	-1.92E-16	4.47E-15	3.32E-16	-3.49E-17	-2.09E-16	-8.03E-16
	(0.48915)	(2.7E-16)	(1.7E-16)	(3.4E-15)	(5.1E-16)	(4.3E-16)	(2.6E-16)	(4.5E-16)
	[0.91141]	[2.06909]	[-1.15643]	[1.31123]	[0.64497]	[-0.08057]	[-0.81305]	[-1.78516]
C	-0.019475	2.83E-18	1.70E-17	2.27E-17	9.49E-17	-5.38E-17	-2.41E-17	-9.63E-17
	(0.04317)	(2.4E-17)	(1.5E-17)	(3.0E-16)	(4.5E-17)	(3.8E-17)	(2.3E-17)	(4.0E-17)
	[-0.45108]	[0.11891]	[1.16006]	[0.07536]	[2.09139]	[-1.40762]	[-1.05915]	[-2.42662]
TCCFM	-0.605884	1.000000	1.32E-17	1.90E-15	4.23E-16	-3.17E-16	-2.64E-17	-5.16E-16
	(0.31573)	(1.7E-16)	(1.1E-16)	(2.2E-15)	(3.3E-16)	(2.8E-16)	(1.7E-16)	(2.9E-16)
	[-1.91899]	[5.7e+15]	[0.12341]	[0.86581]	[1.27514]	[-1.13491]	[-0.15907]	[-1.77666]
TCCI	1.365369	3.72E-16	1.000000	4.28E-15	-1.18E-15	6.41E-16	5.34E-17	-2.14E-16
	(0.87399)	(4.8E-16)	(3.0E-16)	(6.1E-15)	(9.2E-16)	(7.7E-16)	(4.6E-16)	(8.0E-16)
	[1.56222]	[0.77126]	[3.4e+15]	[0.70235]	[-1.28007]	[0.82858]	[0.11613]	[-0.26608]
TCEXP	-0.029874	-1.27E-18	2.13E-17	1.000000	2.34E-17	-4.26E-18	-6.39E-18	-1.07E-18
	(0.02530)	(1.4E-17)	(8.6E-18)	(1.8E-16)	(2.7E-17)	(2.2E-17)	(1.3E-17)	(2.3E-17)
	[-1.18064]	[-0.09118]	[2.47525]	[5.7e+15]	[0.88129]	[-0.19015]	[-0.47973]	[-0.04580]
D(TCFBCF)	-0.277219	2.25E-17	-9.70E-17	1.35E-15	1.000000	-5.27E-16	4.12E-17	8.24E-17
	(0.24426)	(1.3E-16)	(8.3E-17)	(1.7E-15)	(2.6E-16)	(2.2E-16)	(1.3E-16)	(2.2E-16)
	[-1.13494]	[0.16705]	[-1.17016]	[0.79188]	[3.9e+15]	[-2.43677]	[0.32019]	[0.36680]
TCIMP	0.163958	1.19E-16	7.98E-17	1.05E-15	-3.10E-16	1.000000	1.75E-17	-2.80E-16
	(0.30858)	(1.7E-16)	(1.0E-16)	(2.1E-15)	(3.2E-16)	(2.7E-16)	(1.6E-16)	(2.8E-16)
	[0.53132]	[0.70156]	[0.76247]	[0.48634]	[-0.95630]	[3.7e+15]	[0.10781]	[-0.98805]
TCTE	-0.066748	1.70E-16	3.20E-17	1.16E-15	1.15E-16	7.67E-17	1.000000	-1.88E-16
	(0.23401)	(1.3E-16)	(7.9E-17)	(1.6E-15)	(2.5E-16)	(2.1E-16)	(1.2E-16)	(2.2E-16)
	[-0.28524]	[1.31961]	[0.40242]	[0.71039]	[0.46778]	[0.37008]	[8.1e+15]	[-0.87557]
TCTNP	1.123526	-5.18E-16	0.000000	-1.04E-14	0.000000	0.000000	1.29E-16	1.000000
	(0.68670)	(3.8E-16)	(2.3E-16)	(4.8E-15)	(7.2E-16)	(6.1E-16)	(3.6E-16)	(6.3E-16)
	[1.63612]	[-1.36590]	[0.00000]	[-2.16400]	[0.00000]	[0.00000]	[0.35782]	[1.6e+15]
R² ajusté	0.257177	1.000000	1.000000	1.000000	1.000000	1.000000	1.000000	1.000000

TCI5 est le taux de croissance de la valeur ajoutée des industries de production d'énergie

	TCI5	TCCFM	D(TCCI)	D(TCFBCF)	TCTE	TCTNP
TCI5(-1)	0.236074	-3.61E-15	1.16E-15	-1.77E-15	-9.75E-15	-3.46E-15
	(0.25336)	(1.7E-15)	(4.1E-16)	(1.1E-15)	(2.6E-15)	(9.6E-16)
	[0.93177]	[-2.14619]	[2.80075]	[-1.57073]	[-3.73413]	[-3.61557]
TCCFM (-1)	-0.105524	1.76E-15	-5.19E-16	7.86E-16	4.32E-15	1.51E-15

	(0.11240)	(7.5E-16)	(1.8E-16)	(5.0E-16)	(1.2E-15)	(4.2E-16)
	[-0.93879]	[2.35946]	[-2.82389]	[1.57021]	[3.72796]	[3.55165]
D (TCCI (-1))	-0.073257	2.00E-16	-9.99E-17	-5.99E-16	1.70E-15	2.00E-16
	(0.10913)	(7.2E-16)	(1.8E-16)	(4.9E-16)	(1.1E-15)	(4.1E-16)
	[-0.67126]	[0.27566]	[-0.55987]	[-1.23280]	[1.50917]	[0.48411]
D(TCFBCF (-1))	-0.019417	-1.65E-16	-4.13E-17	2.48E-16	3.34E-16	1.24E-16
	(0.02729)	(1.8E-16)	(4.5E-17)	(1.2E-16)	(2.8E-16)	(1.0E-16)
	[-0.71141]	[-0.91205]	[-0.92618]	[2.03940]	[1.18863]	[1.20128]
TCTE (-1)	0.017851	3.32E-17	-4.15E-17	-1.66E-17	-4.15E-18	-2.07E-18
	(0.02742)	(1.8E-16)	(4.5E-17)	(1.2E-16)	(2.8E-16)	(1.0E-16)
	[0.65110]	[0.18228]	[-0.92555]	[-0.13587]	[-0.01468]	[-0.02001]
TCTNP (-1)	0.028773	4.09E-16	0.000000	-4.09E-16	2.68E-16	7.67E-17
	(0.04743)	(3.1E-16)	(7.8E-17)	(2.1E-16)	(4.9E-16)	(1.8E-16)
	[0.60667]	[1.29895]	[0.00000]	[-1.93636]	[0.54904]	[0.42772]
C	0.009366	-9.31E-18	-1.33E-17	2.13E-17	1.28E-16	2.99E-17
	(0.00458)	(3.0E-17)	(7.5E-18)	(2.0E-17)	(4.7E-17)	(1.7E-17)
	[2.04289]	[-0.30603]	[-1.77585]	[1.04275]	[2.70320]	[1.72749]
TCCFM	0.434913	1.000000	-5.53E-17	2.21E-16	2.45E-16	1.05E-16
	(0.01873)	(1.2E-16)	(3.1E-17)	(8.3E-17)	(1.9E-16)	(7.1E-17)
	[23.2175]	[8.0e+15]	[-1.80766]	[2.65357]	[1.26832]	[1.48489]
D(TCCI)	0.246091	-7.05E-16	1.000000	-8.01E-16	-1.49E-15	-4.58E-16
	(0.10822)	(7.2E-16)	(1.8E-16)	(4.8E-16)	(1.1E-15)	(4.1E-16)
	[2.27395]	[-0.98117]	[5.7e+15]	[-1.66200]	[-1.33359]	[-1.11883]
D(TCFBCF)	-0.007695	-1.12E-16	-1.86E-17	1.000000	2.04E-16	0.000000
	(0.02756)	(1.8E-16)	(4.5E-17)	(1.2E-16)	(2.8E-16)	(1.0E-16)
	[-0.27919]	[-0.61200]	[-0.41238]	[8.1e+15]	[0.71908]	[0.00000]
TCTE	-0.011040	-4.65E-17	4.87E-17	-1.56E-17	1.000000	-9.26E-17
	(0.03020)	(2.0E-16)	(4.9E-17)	(1.3E-16)	(3.1E-16)	(1.1E-16)
	[-0.36557]	[-0.23194]	[0.98600]	[-0.11625]	[3.2e+15]	[-0.81082]
TCTNP	0.126883	7.02E-16	-1.75E-16	7.02E-16	1.14E-15	1.000000
	(0.07928)	(5.3E-16)	(1.3E-16)	(3.5E-16)	(8.2E-16)	(3.0E-16)
	[1.60045]	[1.33371]	[-1.35438]	[1.98817]	[1.39590]	[3.3e+15]
R^2 ajusté	0.972033	1.000000	1.000000	1.000000	1.000000	1.000000

TCI6 est le taux de croissance de la valeur ajoutée des industries textiles et du cuir

	TCI6	TCCFM	TCCI	TCEXP	D(TCFBCF)	TCIMP	TCTE	TCTNP
TCI6(-1)	0.205009	-5.92E-15	1.44E-14	6.73E-14	7.75E-14	-5.97E-14	-1.41E-14	2.65E-15
	(0.27734)	(3.2E-15)	(4.4E-15)	(1.8E-14)	(2.1E-14)	(1.7E-14)	(4.4E-15)	(4.0E-15)
	[0.73919]	[-1.86108]	[3.26987]	[3.68269]	[3.65829]	[-3.52696]	[-3.19951]	[0.66591]
TCCFM (-1)	-0.161589	5.07E-15	-1.23E-14	-5.72E-14	-6.61E-14	5.15E-14	1.21E-14	-2.51E-15
	(0.23447)	(2.7E-15)	(3.7E-15)	(1.5E-14)	(1.8E-14)	(1.4E-14)	(3.7E-15)	(3.4E-15)
	[-0.68917]	[1.88595]	[-3.30000]	[-3.70500]	[-3.68916]	[3.59499]	[3.26459]	[-0.74665]
TCCI (-1)	-0.051486	2.78E-15	-3.45E-15	-2.33E-14	-2.85E-14	1.98E-14	6.05E-15	-8.84E-16
	(0.13780)	(1.6E-15)	(2.2E-15)	(9.1E-15)	(1.1E-14)	(8.4E-15)	(2.2E-15)	(2.0E-15)
	[-0.37362]	[1.76126]	[-1.57083]	[-2.57112]	[-2.70372]	[2.34759]	[2.77361]	[-0.44741]
TCEXP (-1)	-0.039129	5.23E-16	-1.69E-15	-7.39E-15	-8.49E-15	6.62E-15	1.47E-15	-3.54E-16
	(0.03149)	(3.6E-16)	(5.0E-16)	(2.1E-15)	(2.4E-15)	(1.9E-15)	(5.0E-16)	(4.5E-16)
	[-1.24250]	[1.44690]	[-3.37791]	[-3.56354]	[-3.52957]	[3.44027]	[2.93896]	[-0.78364]
D(TCFBCF (-1))	0.028005	-3.12E-16	-2.03E-16	0.000000	-4.27E-16	7.26E-16	5.34E-17	-4.27E-17
	(0.01822)	(2.1E-16)	(2.9E-16)	(1.2E-15)	(1.4E-15)	(1.1E-15)	(2.9E-16)	(2.6E-16)
	[1.53678]	[-1.49334]	[-0.69820]	[0.00000]	[-0.30668]	[0.65210]	[0.18486]	[-0.16341]
TCIMP (-1)	0.126654	-3.64E-15	7.81E-15	3.76E-14	4.31E-14	-3.34E-14	-8.04E-15	1.67E-15
	(0.15262)	(1.8E-15)	(2.4E-15)	(1.0E-14)	(1.2E-14)	(9.3E-15)	(2.4E-15)	(2.2E-15)
	[0.82986]	[-2.07922]	[3.21400]	[3.74058]	[3.69487]	[-3.57998]	[-3.32510]	[0.76257]
TCTE (-1)	-0.022537	-4.84E-16	9.06E-16	4.14E-15	4.78E-15	-4.42E-15	-9.11E-16	1.51E-16
	(0.02766)	(3.2E-16)	(4.4E-16)	(1.8E-15)	(2.1E-15)	(1.7E-15)	(4.4E-16)	(4.0E-16)
	[-0.81491]	[-1.52437]	[2.05770]	[2.27480]	[2.26467]	[-2.61783]	[-2.07968]	[0.38119]
TCTNP (-1)	-0.097750	1.45E-15	8.10E-16	-1.70E-15	-8.52E-17	-7.67E-16	2.88E-16	-5.75E-16
	(0.05784)	(6.6E-16)	(9.2E-16)	(3.8E-15)	(4.4E-15)	(3.5E-15)	(9.2E-16)	(8.3E-16)
	[-1.68993]	[2.18417]	[0.87925]	[-0.44737]	[-0.01929]	[-0.21719]	[0.31402]	[-0.69396]
C	0.004042	-5.34E-17	-2.49E-16	-4.81E-16	-5.96E-16	5.96E-16	7.68E-17	-1.78E-17
	(0.00508)	(5.8E-17)	(8.1E-17)	(3.3E-16)	(3.9E-16)	(3.1E-16)	(8.1E-17)	(7.3E-17)
	[0.79502]	[-0.91561]	[-3.07798]	[-1.43466]	[-1.53541]	[1.92045]	[0.95314]	[-0.24422]
TCCFM	0.854849	1.000000	-2.02E-15	-8.84E-15	-1.08E-14	1.11E-14	1.85E-15	-8.52E-17
	(0.05466)	(6.3E-16)	(8.7E-16)	(3.6E-15)	(4.2E-15)	(3.3E-15)	(8.7E-16)	(7.8E-16)
	[15.6404]	[1.6e+15]	[-2.32514]	[-2.45483]	[-2.59495]	[3.33556]	[2.13240]	[-0.10875]
TCCI	0.405034	4.32E-17	1.000000	1.28E-14	1.78E-14	-1.57E-14	-2.71E-15	-1.76E-15
	(0.13025)	(1.5E-15)	(2.1E-15)	(8.6E-15)	(9.9E-15)	(8.0E-15)	(2.1E-15)	(1.9E-15)
	[3.10955]	[0.02891]	[4.8e+14]	[1.48750]	[1.78828]	[-1.97594]	[-1.31479]	[-0.94006]
TCEXP	0.111400	-8.59E-17	-8.71E-17	1.000000	-5.52E-17	1.08E-16	-4.42E-17	4.14E-17
	(0.00683)	(7.8E-17)	(1.1E-16)	(4.5E-16)	(5.2E-16)	(4.2E-16)	(1.1E-16)	(9.8E-17)
	[16.3114]	[-1.09606]	[-0.80095]	[2.2e+15]	[-0.10584]	[0.25814]	[-0.40831]	[0.42298]

D(TCFBCF)	0.006997	-3.23E-16	8.16E-16	3.07E-15	1.000000	-2.90E-15	-6.59E-16	-6.42E-16
	(0.02726)	(3.1E-16)	(4.3E-16)	(1.8E-15)	(2.1E-15)	(1.7E-15)	(4.3E-16)	(3.9E-16)
	[0.25665]	[-1.03154]	[1.88009]	[1.70729]	[4.8e+14]	[-1.74485]	[-1.52533]	[-1.64225]
TCIMP	-0.581077	-1.65E-16	1.55E-15	6.54E-15	8.03E-15	1.000000	-1.25E-15	-1.39E-16
	(0.04257)	(4.9E-16)	(6.8E-16)	(2.8E-15)	(3.3E-15)	(2.6E-15)	(6.7E-16)	(6.1E-16)
	[-13.6508]	[-0.33876]	[2.28045]	[2.33362]	[2.46845]	[3.8e+14]	[-1.84898]	[-0.22701]
TCTE	-0.021143	-1.26E-16	-3.19E-16	-9.77E-16	-1.09E-15	1.10E-15	1.000000	-2.19E-16
	(0.02341)	(2.7E-16)	(3.7E-16)	(1.5E-15)	(1.8E-15)	(1.4E-15)	(3.7E-16)	(3.4E-16)
	[-0.90300]	[-0.46823]	[-0.85457]	[-0.63339]	[-0.60886]	[0.76985]	[2.7e+15]	[-0.65194]
TCTNP	0.051458	8.14E-16	-1.63E-15	-4.88E-15	-6.51E-15	4.88E-15	1.02E-15	1.000000
	(0.06007)	(6.9E-16)	(9.6E-16)	(4.0E-15)	(4.6E-15)	(3.7E-15)	(9.5E-16)	(8.6E-16)
	[0.85658]	[1.18160]	[-1.70236]	[-1.23430]	[-1.41956]	[1.33166]	[1.06960]	[1.2e+15]
R^2 ajusté	0.973455	1.000000	1.000000	1.000000	1.000000	1.000000	1.000000	1.000000

TCI7 est le taux de croissance de la valeur ajoutée des industries du papier et carton

	TCI7	TCCFM	TCCI	TCEXP	D(TCFBCF)	TCIMP	TCTE	TCTNP
TCI7(-1)	0.039413	-1.51E-14	1.64E-15	-2.54E-14	-1.57E-15	-2.15E-15	3.52E-15	-7.83E-16
	(0.22529)	(4.7E-15)	(8.3E-16)	(8.9E-15)	(7.3E-16)	(7.8E-16)	(1.1E-15)	(8.5E-16)
	[0.17494]	[-3.19444]	[1.97930]	[-2.86918]	[-2.15511]	[-2.76663]	[3.09661]	[-0.92619]
TCCFM (-1)	0.010928	1.81E-15	-1.80E-16	3.73E-15	2.16E-16	2.56E-16	-4.31E-16	1.62E-16
	(0.03358)	(7.0E-16)	(1.2E-16)	(1.3E-15)	(1.1E-16)	(1.2E-16)	(1.7E-16)	(1.3E-16)
	[0.32547]	[2.58118]	[-1.45585]	[2.82029]	[1.99138]	[2.20783]	[-2.54342]	[1.28374]
TCCI (-1)	-0.377043	2.50E-14	-4.69E-15	3.69E-14	2.55E-15	2.80E-15	-3.87E-15	9.06E-16
	(0.39739)	(8.3E-15)	(1.5E-15)	(1.6E-14)	(1.3E-15)	(1.4E-15)	(2.0E-15)	(1.5E-15)
	[-0.94879]	[3.00824]	[-3.21318]	[2.35845]	[1.99194]	[2.03972]	[-1.92862]	[0.60753]
TCEXP (-1)	-0.021610	2.45E-16	7.40E-18	8.88E-17	-7.40E-18	4.25E-17	-7.03E-17	-1.48E-17
	(0.01006)	(2.1E-16)	(3.7E-17)	(4.0E-16)	(3.2E-17)	(3.5E-17)	(5.1E-17)	(3.8E-17)
	[-2.14811]	[1.16348]	[0.20009]	[0.22423]	[-0.22808]	[1.22440]	[-1.38368]	[-0.39208]
D(TCFBCF (-1))	0.109904	2.75E-15	-2.55E-16	6.02E-15	7.08E-16	5.70E-16	-5.87E-16	0.000000
	(0.07959)	(1.7E-15)	(2.9E-16)	(3.1E-15)	(2.6E-16)	(2.7E-16)	(4.0E-16)	(3.0E-16)
	[1.38095]	[1.64784]	[-0.87059]	[1.92297]	[2.76133]	[2.07455]	[-1.46032]	[0.00000]
TCIMP (-1)	0.106760	5.23E-16	-2.56E-16	1.46E-15	2.35E-16	-6.25E-17	2.09E-16	1.57E-16
	(0.06751)	(1.4E-15)	(2.5E-16)	(2.7E-15)	(2.2E-16)	(2.3E-16)	(3.4E-16)	(2.5E-16)

	[1.58137]	[0.36985]	[-1.03370]	[0.55092]	[1.08071]	[-0.26801]	[0.61347]	[0.61927]
TCTE (-1)	0.144781	2.79E-15	-4.14E-17	4.11E-15	2.40E-16	3.49E-16	-2.96E-16	-4.51E-16
	(0.09762)	(2.0E-15)	(3.6E-16)	(3.8E-15)	(3.1E-16)	(3.4E-16)	(4.9E-16)	(3.7E-16)
	[1.48309]	[1.36504]	[-0.11543]	[1.07114]	[0.76173]	[1.03445]	[-0.60143]	[-1.23209]
TCTNP (-1)	-0.256862	-6.84E-15	1.80E-15	-1.14E-14	-1.71E-15	-9.26E-16	7.12E-16	-4.98E-16
	(0.19219)	(4.0E-15)	(7.1E-16)	(7.6E-15)	(6.2E-16)	(6.6E-16)	(9.7E-16)	(7.2E-16)
	[-1.33652]	[-1.69894]	[2.54560]	[-1.50639]	[-2.75799]	[-1.39477]	[0.73387]	[-0.69142]
C	0.007487	-6.69E-16	3.21E-17	-1.15E-15	9.17E-18	-9.17E-18	6.53E-17	-6.87E-18
	(0.01333)	(2.8E-16)	(4.9E-17)	(5.2E-16)	(4.3E-17)	(4.6E-17)	(6.7E-17)	(5.0E-17)
	[0.56162]	[-2.39759]	[0.65485]	[-2.20157]	[0.21327]	[-0.19912]	[0.97039]	[-0.13748]
TCCFM	0.162167	1.000000	-3.93E-17	1.26E-15	1.31E-16	1.21E-16	-5.41E-17	-7.87E-17
	(0.02003)	(4.2E-16)	(7.4E-17)	(7.9E-16)	(6.5E-17)	(6.9E-17)	(1.0E-16)	(7.5E-17)
	[8.09782]	[2.4e+15]	[-0.53460]	[1.59761]	[2.03125]	[1.75422]	[-0.53508]	[-1.04755]
TCCI	1.553122	1.62E-14	1.000000	3.21E-14	6.68E-16	1.09E-15	-2.40E-15	-1.58E-15
	(0.32040)	(6.7E-15)	(1.2E-15)	(1.3E-14)	(1.0E-15)	(1.1E-15)	(1.6E-15)	(1.2E-15)
	[4.84739]	[2.41169]	[8.5e+14]	[2.54491]	[0.64714]	[0.98868]	[-1.48401]	[-1.31474]
TCEXP	-0.001579	-4.44E-16	2.38E-17	1.000000	-7.92E-17	-9.32E-17	7.92E-17	2.97E-17
	(0.01230)	(2.6E-16)	(4.5E-17)	(4.8E-16)	(4.0E-17)	(4.2E-17)	(6.2E-17)	(4.6E-17)
	[-0.12837]	[-1.72277]	[0.52586]	[2.1e+15]	[-1.99740]	[-2.19394]	[1.27556]	[0.64381]
D(TCFBCF)	0.186005	1.54E-15	3.81E-16	3.58E-15	1.000000	4.28E-16	-3.29E-16	-7.24E-16
	(0.09015)	(1.9E-15)	(3.3E-16)	(3.5E-15)	(2.9E-16)	(3.1E-16)	(4.6E-16)	(3.4E-16)
	[2.06335]	[0.81792]	[1.15156]	[1.01033]	[3.4e+15]	[1.37446]	[-0.72318]	[-2.14138]
TCIMP	0.077143	1.21E-15	1.79E-16	1.48E-15	1.39E-16	1.000000	-1.49E-16	-4.88E-16
	(0.06833)	(1.4E-15)	(2.5E-16)	(2.7E-15)	(2.2E-16)	(2.4E-16)	(3.4E-16)	(2.6E-16)
	[1.12890]	[0.84296]	[0.71267]	[0.55065]	[0.62918]	[4.2e+15]	[-0.43237]	[-1.90455]
TCTE	-0.033541	1.31E-15	2.13E-16	2.63E-16	-1.80E-16	4.32E-17	1.000000	-4.23E-16
	(0.09907)	(2.1E-15)	(3.6E-16)	(3.9E-15)	(3.2E-16)	(3.4E-16)	(5.0E-16)	(3.7E-16)
	[-0.33856]	[0.63149]	[0.58454]	[0.06738]	[-0.56349]	[0.12627]	[2.0e+15]	[-1.13823]
TCTNP	-0.609566	-8.14E-15	-1.02E-15	-1.63E-14	-1.02E-15	-1.02E-15	1.02E-15	1.000000
	(0.25150)	(5.3E-15)	(9.2E-16)	(9.9E-15)	(8.1E-16)	(8.7E-16)	(1.3E-15)	(9.4E-16)
	[-2.42370]	[-1.54558]	[-1.10058]	[-1.64449]	[-1.25452]	[-1.17126]	[0.80114]	[1.1e+15]
R² ajusté	0.890627	1.000000	1.000000	1.000000	1.000000	1.000000	1.000000	1.000000

TCI8 est le taux de croissance de la valeur ajoutée des autres industries manufacturières

	D(TCI8)	TCCFM	D(TCCI)	TCEXP	D(TCFBCF)	TCIMP	TCTE	TCTNP
D(TCI8 (-1))	-0.534481	5.82E-16	8.03E-16	-5.78E-15	1.28E-15	-1.26E-15	6.02E-16	-2.65E-15
	(0.13560)	(1.1E-15)	(3.5E-16)	(4.6E-15)	(2.1E-15)	(2.6E-15)	(4.8E-16)	(1.4E-15)

TCCFM (-1)	[-3.94154]	[0.52033]	[2.30029]	[-1.25003]	[0.61793]	[-0.47999]	[1.25115]	[-1.91877]
	-0.115204	4.86E-16	-3.09E-17	-4.94E-16	2.47E-16	-1.22E-15	-3.86E-17	-7.72E-17
	(0.04090)	(3.4E-16)	(1.1E-16)	(1.4E-15)	(6.3E-16)	(7.9E-16)	(1.5E-16)	(4.2E-16)
D(TCCI (-1))	[-2.81654]	[1.44191]	[-0.29342]	[-0.35434]	[0.39412]	[-1.53555]	[-0.26599]	[-0.18542]
	0.483022	-7.41E-16	-6.18E-16	5.43E-15	-4.94E-16	1.73E-15	-5.56E-16	1.73E-15
	(0.11545)	(9.5E-16)	(3.0E-16)	(3.9E-15)	(1.8E-15)	(2.2E-15)	(4.1E-16)	(1.2E-15)
TCEXP (-1)	[4.18379]	[-0.77839]	[-2.07900]	[1.38084]	[-0.27924]	[0.77123]	[-1.35694]	[1.47143]
	-0.007676	4.39E-18	-6.86E-19	-4.39E-18	4.39E-18	-4.34E-17	0.000000	1.32E-17
	(0.00293)	(2.4E-17)	(7.5E-18)	(1.0E-16)	(4.5E-17)	(5.7E-17)	(1.0E-17)	(3.0E-17)
D(TCFBCF (-1))	[-2.62021]	[0.18172]	[-0.09100]	[-0.04396]	[0.09779]	[-0.76198]	[0.00000]	[0.44165]
	0.016931	5.04E-17	9.52E-17	2.46E-16	-8.96E-17	-1.57E-16	1.26E-17	-1.57E-16
	(0.01719)	(1.4E-16)	(4.4E-17)	(5.9E-16)	(2.6E-16)	(3.3E-16)	(6.1E-17)	(1.7E-16)
TCIMP (-1)	[0.98489]	[0.35546]	[2.15194]	[0.42038]	[-0.34005]	[-0.46958]	[0.20655]	[-0.89591]
	0.048988	-2.72E-16	2.27E-17	0.000000	-6.80E-17	4.53E-16	5.66E-17	1.13E-16
	(0.01783)	(1.5E-16)	(4.6E-17)	(6.1E-16)	(2.7E-16)	(3.5E-16)	(6.3E-17)	(1.8E-16)
TCTE (-1)	[2.74700]	[-1.84823]	[0.49364]	[0.00000]	[-0.24864]	[1.30802]	[0.89499]	[0.62389]
	0.042927	1.56E-16	9.74E-17	-1.56E-15	7.80E-17	-7.80E-16	1.46E-16	-2.14E-16
	(0.02971)	(2.5E-16)	(7.6E-17)	(1.0E-15)	(4.6E-16)	(5.8E-16)	(1.1E-16)	(3.0E-16)
TCTNP (-1)	[1.44494]	[0.63634]	[1.27470]	[-1.53933]	[0.17121]	[-1.35104]	[1.38664]	[-0.70885]
	0.019592	0.000000	-1.01E-16	-4.02E-15	-1.31E-15	-1.01E-16	5.03E-17	-1.89E-16
	(0.04218)	(3.5E-16)	(1.1E-16)	(1.4E-15)	(6.5E-16)	(8.2E-16)	(1.5E-16)	(4.3E-16)
C	[0.46444]	[0.00000]	[-0.92691]	[-2.79837]	[-2.02313]	[-0.12280]	[0.33610]	[-0.43931]
	0.001868	-1.44E-17	3.61E-18	1.84E-16	3.79E-17	1.01E-16	-9.02E-18	-5.77E-17
	(0.00311)	(2.6E-17)	(8.0E-18)	(1.1E-16)	(4.8E-17)	(6.0E-17)	(1.1E-17)	(3.2E-17)
TCCFM	[0.60023]	[-0.56239]	[0.45063]	[1.73457]	[0.79441]	[1.67165]	[-0.81700]	[-1.82248]
	0.019599	1.000000	1.50E-16	-1.90E-15	6.13E-16	-3.20E-15	1.50E-16	-1.00E-16
	(0.04510)	(3.7E-16)	(1.2E-16)	(1.5E-15)	(6.9E-16)	(8.8E-16)	(1.6E-16)	(4.6E-16)
D(TCCI)	[0.43460]	[2.7e+15]	[1.29340]	[-1.23651]	[0.88672]	[-3.65563]	[0.93798]	[-0.21795]
	0.771472	-4.15E-16	1.000000	-3.38E-15	-7.61E-16	4.43E-16	1.66E-16	-2.21E-16
	(0.07075)	(5.8E-16)	(1.8E-16)	(2.4E-15)	(1.1E-15)	(1.4E-15)	(2.5E-16)	(7.2E-16)
TCEXP	[10.9043]	[-0.71109]	[5.5e+15]	[-1.40015]	[-0.70208]	[0.32233]	[0.66165]	[-0.30749]
	0.007489	-6.30E-18	-2.87E-18	1.000000	2.88E-17	3.36E-17	7.20E-18	1.98E-17
	(0.00290)	(2.4E-17)	(7.5E-18)	(9.9E-17)	(4.4E-17)	(5.6E-17)	(1.0E-17)	(3.0E-17)
D(TCFBCF)	[2.58092]	[-0.26346]	[-0.38438]	[1.0e+16]	[0.64729]	[0.59591]	[0.69898]	[0.66997]
	-0.003847	6.67E-17	9.05E-17	-1.35E-15	1.000000	-4.38E-17	9.64E-17	-6.66E-16
	(0.02478)	(2.0E-16)	(6.4E-17)	(8.4E-16)	(3.8E-16)	(4.8E-16)	(8.8E-17)	(2.5E-16)
TCIMP	[-0.15527]	[0.32667]	[1.41922]	[-1.59509]	[2.6e+15]	[-0.09108]	[1.09682]	[-2.64131]
	-0.011358	-4.03E-16	-2.72E-17	3.13E-16	-1.33E-16	1.000000	2.58E-17	-6.44E-17
	(0.01711)	(1.4E-16)	(4.4E-17)	(5.8E-16)	(2.6E-16)	(3.3E-16)	(6.1E-17)	(1.7E-16)
TCTE	[-0.66375]	[-2.85399]	[-0.61834]	[0.53641]	[-0.50781]	[3.0e+15]	[0.42445]	[-0.36985]
	-0.037134	-2.02E-16	-4.30E-17	5.66E-16	-7.13E-17	8.17E-16	1.000000	-1.43E-16
	(0.02506)	(2.1E-16)	(6.4E-17)	(8.5E-16)	(3.8E-16)	(4.9E-16)	(8.9E-17)	(2.6E-16)
	[-1.48170]	[-0.97804]	[-0.66633]	[0.66296]	[-0.18574]	[1.67901]	[1.1e+16]	[-0.56235]

TCTNP	-0.036162	-3.19E-16	-7.98E-17	1.28E-15	-6.38E-16	0.000000	-1.60E-16	1.000000
	(0.05530)	(4.6E-16)	(1.4E-16)	(1.9E-15)	(8.5E-16)	(1.1E-15)	(2.0E-16)	(5.6E-16)
	[-0.65393]	[-0.69979]	[-0.56072]	[0.67713]	[-0.75314]	[0.00000]	[-0.81328]	[1.8e+15]
R^2 ajusté	0.915545	1.000000	1.000000	1.000000	1.000000	1.000000	1.000000	1.000000

TCI9 est le taux de croissance de la valeur ajoutée des industries des matériaux de construction

	D(TCI9)	TCCFM	TCCI	TCEXP	D(TCFBCF)	TCIMP	TCTE	TCTNP
D(TCI9(-1))	-0.204551	-1.19E-16	1.73E-16	7.34E-16	-2.70E-16	-1.12E-15	4.53E-16	-2.91E-16
	(0.18489)	(4.3E-16)	(2.8E-16)	(1.4E-15)	(3.2E-16)	(4.5E-16)	(2.4E-16)	(1.5E-16)
	[-1.10632]	[-0.27332]	[0.61770]	[0.50981]	[-0.85141]	[-2.48010]	[1.91006]	[-1.99245]
TCCFM(-1)	0.021593	1.45E-16	-7.26E-17	1.94E-16	-6.05E-18	-3.87E-16	7.26E-17	-8.47E-17
	(0.07928)	(1.9E-16)	(1.2E-16)	(6.2E-16)	(1.4E-16)	(1.9E-16)	(1.0E-16)	(6.3E-17)
	[0.27235]	[0.77912]	[-0.60527]	[0.31345]	[-0.04449]	[-1.99400]	[0.71300]	[-1.34978]
TCCI (-1)	-0.665376	-4.15E-16	2.37E-16	2.85E-15	-1.78E-16	9.12E-16	-3.41E-16	1.78E-16
	(0.27196)	(6.4E-16)	(4.1E-16)	(2.1E-15)	(4.7E-16)	(6.7E-16)	(3.5E-16)	(2.2E-16)
	[-2.44660]	[-0.64962]	[0.57676]	[1.34407]	[-0.38159]	[1.36940]	[-0.97666]	[0.82685]
TCEXP (-1)	-0.088513	9.93E-18	-1.91E-17	2.03E-16	3.18E-17	5.09E-17	-9.54E-18	1.27E-17
	(0.03318)	(7.8E-17)	(5.0E-17)	(2.6E-16)	(5.7E-17)	(8.1E-17)	(4.3E-17)	(2.6E-17)
	[-2.66734]	[0.12743]	[-0.38013]	[0.78743]	[0.55889]	[0.62616]	[-0.22390]	[0.48441]
D(TCFBCF(-1))	-0.251768	3.59E-16	-2.09E-16	-1.64E-15	4.49E-16	8.52E-16	-2.24E-16	1.35E-16
	(0.16644)	(3.9E-16)	(2.5E-16)	(1.3E-15)	(2.9E-16)	(4.1E-16)	(2.1E-16)	(1.3E-16)
	[-1.51264]	[0.91766]	[-0.82985]	[-1.26762]	[1.57219]	[2.09169]	[-1.04972]	[1.02200]
TCIMP (-1)	-0.151042	2.47E-16	-1.85E-16	-1.81E-15	4.50E-17	2.67E-16	-5.14E-17	4.11E-17
	(0.11690)	(2.7E-16)	(1.8E-16)	(9.1E-16)	(2.0E-16)	(2.9E-16)	(1.5E-16)	(9.2E-17)
	[-1.29203]	[0.89839]	[-1.04688]	[-1.98785]	[0.22446]	[0.93407]	[-0.34256]	[0.44469]
TCTE (-1)	-0.450532	2.05E-16	6.82E-17	2.73E-16	4.26E-17	4.44E-16	-1.02E-16	9.81E-17
	(0.16445)	(3.9E-16)	(2.5E-16)	(1.3E-15)	(2.8E-16)	(4.0E-16)	(2.1E-16)	(1.3E-16)
	[-2.73968]	[0.52987]	[0.27442]	[0.21317]	[0.15130]	[1.10182]	[-0.48490]	[0.75404]
TCTNP (-1)	0.565762	-6.83E-16	1.40E-15	3.05E-15	-1.22E-15	-2.14E-16	1.53E-16	6.10E-17
	(0.30474)	(7.2E-16)	(4.6E-16)	(2.4E-15)	(5.2E-16)	(7.5E-16)	(3.9E-16)	(2.4E-16)
	[1.85653]	[-0.95325]	[3.04489]	[1.28547]	[-2.33569]	[-0.28621]	[0.38988]	[0.25305]
C	-0.003064	3.99E-17	-6.20E-17	-5.14E-16	2.66E-17	1.66E-17	-4.43E-18	-2.66E-17
	(0.02500)	(5.9E-17)	(3.8E-17)	(1.9E-16)	(4.3E-17)	(6.1E-17)	(3.2E-17)	(2.0E-17)
	[-0.12258]	[0.67884]	[-1.64069]	[-2.64000]	[0.62029]	[0.27146]	[-0.13805]	[-1.34406]
TCCFM	0.041400	1.000000	-2.17E-17	-4.64E-16	0.000000	-2.03E-16	2.55E-17	-5.07E-17

	(0.07232)	(1.7E-16)	(1.1E-16)	(5.6E-16)	(1.2E-16)	(1.8E-16)	(9.3E-17)	(5.7E-17)
	[0.57247]	[5.9e+15]	[-0.19872]	[-0.82326]	[0.00000]	[-1.14565]	[0.27432]	[-0.88630]
TCCI	0.794900	-3.08E-16	1.000000	3.55E-15	1.78E-16	-1.42E-15	3.88E-16	-2.66E-16
	(0.28533)	(6.7E-16)	(4.3E-16)	(2.2E-15)	(4.9E-16)	(7.0E-16)	(3.7E-16)	(2.3E-16)
	[2.78587]	[-0.45902]	[2.3e+15]	[1.59801]	[0.36295]	[-2.03316]	[1.06021]	[-1.17967]
TCEXP	0.093435	1.22E-17	2.92E-17	1.000000	-4.13E-17	3.30E-17	-2.48E-17	0.000000
	(0.03980)	(9.4E-17)	(6.0E-17)	(3.1E-16)	(6.8E-17)	(9.7E-17)	(5.1E-17)	(3.1E-17)
	[2.34752]	[0.13091]	[0.48582]	[3.2e+15]	[-0.60497]	[0.33889]	[-0.48471]	[0.00000]
D(TCFBCF)	0.128043	-8.56E-17	4.79E-16	-1.42E-15	1.000000	6.82E-16	-1.52E-16	0.000000
	(0.20058)	(4.7E-16)	(3.0E-16)	(1.6E-15)	(3.4E-16)	(4.9E-16)	(2.6E-16)	(1.6E-16)
	[0.63836]	[-0.18165]	[1.57966]	[-0.90836]	[2.9e+15]	[1.38916]	[-0.58871]	[0.00000]
TCIMP	0.116815	-1.80E-16	4.14E-17	-1.33E-15	1.73E-16	1.000000	-2.18E-16	1.09E-16
	(0.13383)	(3.1E-16)	(2.0E-16)	(1.0E-15)	(2.3E-16)	(3.3E-16)	(1.7E-16)	(1.1E-16)
	[0.87284]	[-0.57100]	[0.20453]	[-1.27487]	[0.75210]	[3.1e+15]	[-1.26704]	[1.02799]
TCTE	0.273554	-1.20E-16	2.19E-16	-4.66E-16	2.61E-17	5.83E-16	1.000000	8.25E-17
	(0.19143)	(4.5E-16)	(2.9E-16)	(1.5E-15)	(3.3E-16)	(4.7E-16)	(2.5E-16)	(1.5E-16)
	[1.42904]	[-0.26606]	[0.75796]	[-0.31280]	[0.07959]	[1.24432]	[4.1e+15]	[0.54512]
TCTNP	-0.778459	6.76E-16	-6.76E-16	5.41E-15	6.76E-16	0.000000	1.69E-16	1.000000
	(0.42913)	(1.0E-15)	(6.5E-16)	(3.3E-15)	(7.4E-16)	(1.1E-15)	(5.5E-16)	(3.4E-16)
	[-1.81404]	[0.67028]	[-1.04142]	[1.61794]	[0.91869]	[0.00000]	[0.30670]	[2.9e+15]

R² ajusté	0.732890	1.000000	1.000000	1.000000	1.000000	1.000000	1.000000	1.000000

TCI10 est le taux de croissance de la valeur ajoutée des industries du bois

	TCI10	TCCFM	TCCI	TCEXP	D(TCFBCF)	TCIMP	TCTE	TCTNP
TCI10 (-1)	0.356447	-3.24E-15	3.53E-15	-2.00E-15	-6.95E-16	-2.21E-15	0.000000	8.55E-16
	(0.19332)	(1.1E-15)	(1.3E-15)	(5.5E-15)	(1.2E-15)	(3.7E-15)	(2.7E-16)	(1.1E-15)
	[1.84383]	[-3.04066]	[2.63210]	[-0.36062]	[-0.56077]	[-0.60155]	[0.00000]	[0.76427]
TCCFM (-1)	0.067823	5.46E-17	-7.76E-17	-1.31E-15	-1.64E-16	2.73E-16	5.46E-17	-1.30E-16
	(0.05018)	(2.8E-16)	(3.5E-16)	(1.4E-15)	(3.2E-16)	(9.5E-16)	(7.0E-17)	(2.9E-16)
	[1.35148]	[0.19713]	[-0.22303]	[-0.91181]	[-0.50898]	[0.28678]	[0.78038]	[-0.44620]
TCCI (-1)	-0.252861	4.49E-15	-4.93E-15	2.09E-15	1.23E-15	3.08E-15	6.16E-17	-1.35E-15
	(0.24762)	(1.4E-15)	(1.7E-15)	(7.1E-15)	(1.6E-15)	(4.7E-15)	(3.5E-16)	(1.4E-15)
	[-1.02118]	[3.28762]	[-2.86921]	[0.29536]	[0.77586]	[0.65573]	[0.17844]	[-0.94507]
TCEXP (-1)	0.034144	5.32E-17	-1.10E-16	3.27E-16	-1.15E-16	6.55E-16	2.46E-17	-4.01E-17
	(0.01803)	(1.0E-16)	(1.3E-16)	(5.2E-16)	(1.2E-16)	(3.4E-16)	(2.5E-17)	(1.0E-16)

	[1.89330]	[0.53467]	[-0.88359]	[0.63412]	[-0.99112]	[1.91466]	[0.97689]	[-0.38401]
D(TCFBCF(-1))	-0.042171	-3.03E-16	4.04E-16	-4.85E-15	6.06E-16	-1.41E-15	-6.32E-18	-3.54E-16
	(0.05014)	(2.8E-16)	(3.5E-16)	(1.4E-15)	(3.2E-16)	(9.5E-16)	(7.0E-17)	(2.9E-16)
	[-0.84111]	[-1.09576]	[1.16250]	[-3.37887]	[1.88611]	[-1.48781]	[-0.09037]	[-1.21835]
TCIMP (-1)	-0.082827	2.52E-17	3.36E-17	1.61E-15	0.000000	-1.00E-15	-5.04E-17	2.35E-16
	(0.04986)	(2.8E-16)	(3.5E-16)	(1.4E-15)	(3.2E-16)	(9.5E-16)	(6.9E-17)	(2.9E-16)
	[-1.66118]	[0.09169]	[0.09728]	[1.13095]	[0.00000]	[-1.05823]	[-0.72595]	[0.81559]
TCTE (-1)	-0.101165	2.78E-16	-1.67E-16	-4.81E-16	-1.39E-17	-4.44E-16	-1.85E-17	-6.48E-17
	(0.04148)	(2.3E-16)	(2.9E-16)	(1.2E-15)	(2.7E-16)	(7.9E-16)	(5.8E-17)	(2.4E-16)
	[-2.43866]	[1.21244]	[-0.57883]	[-0.40502]	[-0.05217]	[-0.56443]	[-0.31998]	[-0.26962]
TCTNP (-1)	-0.003340	-9.58E-17	4.79E-16	-1.01E-15	-4.79E-16	2.04E-16	-4.79E-17	-2.40E-16
	(0.06354)	(3.5E-16)	(4.4E-16)	(1.8E-15)	(4.1E-16)	(1.2E-15)	(8.9E-17)	(3.7E-16)
	[-0.05255]	[-0.27332]	[1.08738]	[-0.55309]	[-1.17615]	[0.16899]	[-0.54099]	[-0.65121]
C	-0.019050	-4.20E-17	7.00E-17	-2.38E-16	3.73E-17	-1.21E-16	-1.17E-17	-4.20E-17
	(0.00632)	(3.5E-17)	(4.4E-17)	(1.8E-16)	(4.1E-17)	(1.2E-16)	(8.8E-18)	(3.7E-17)
	[-3.01534]	[-1.20449]	[1.59732]	[-1.31543]	[0.92146]	[-1.01242]	[-1.32450]	[-1.14792]
TCCFM	0.063728	1.000000	-1.28E-16	0.000000	-9.59E-17	1.37E-15	1.12E-16	-1.60E-17
	(0.04649)	(2.6E-16)	(3.2E-16)	(1.3E-15)	(3.0E-16)	(8.8E-16)	(6.5E-17)	(2.7E-16)
	[1.37090]	[3.9e+15]	[-0.39665]	[0.00000]	[-0.32177]	[1.55919]	[1.72672]	[-0.05939]
TCCI	1.270612	-4.05E-17	1.000000	5.49E-15	0.000000	2.09E-15	1.96E-16	6.54E-16
	(0.08462)	(4.7E-16)	(5.9E-16)	(2.4E-15)	(5.4E-16)	(1.6E-15)	(1.2E-16)	(4.9E-16)
	[15.0161]	[-0.08685]	[1.7e+15]	[2.26611]	[0.00000]	[1.30329]	[1.66240]	[1.33406]
TCEXP	0.014480	-3.21E-17	-9.03E-17	1.000000	-7.36E-17	7.73E-16	2.76E-17	-1.84E-17
	(0.01648)	(9.1E-17)	(1.1E-16)	(4.7E-16)	(1.1E-16)	(3.1E-16)	(2.3E-17)	(9.5E-17)
	[0.87861]	[-0.35287]	[-0.79046]	[2.1e+15]	[-0.69648]	[2.47230]	[1.20134]	[-0.19281]
D(TCFBCF)	-0.085544	8.65E-17	-3.33E-16	-2.42E-15	1.000000	1.05E-15	4.38E-17	-6.56E-16
	(0.05405)	(3.0E-16)	(3.7E-16)	(1.5E-15)	(3.5E-16)	(1.0E-15)	(7.5E-17)	(3.1E-16)
	[-1.58257]	[0.29018]	[-0.88778]	[-1.56412]	[2.9e+15]	[1.02436]	[0.58071]	[-2.09708]
TCIMP	-0.009377	8.67E-17	5.48E-16	-2.73E-15	1.39E-16	1.000000	-1.08E-16	-9.57E-17
	(0.05268)	(2.9E-16)	(3.7E-16)	(1.5E-15)	(3.4E-16)	(1.0E-15)	(7.3E-17)	(3.1E-16)
	[-0.17799]	[0.29838]	[1.50133]	[-1.81149]	[0.41047]	[1.0e+15]	[-1.46677]	[-0.31388]
TCTE	0.077659	2.52E-16	-1.70E-17	-8.96E-16	1.81E-16	-8.06E-17	1.000000	-2.21E-16
	(0.04197)	(2.3E-16)	(2.9E-16)	(1.2E-15)	(2.7E-16)	(8.0E-16)	(5.8E-17)	(2.4E-16)
	[1.85032]	[1.08684]	[-0.05847]	[-0.74548]	[0.67202]	[-0.10127]	[1.7e+16]	[-0.91149]
TCTNP	-0.042908	-8.40E-16	9.16E-16	1.22E-15	-1.22E-15	1.22E-15	0.000000	1.000000
	(0.09865)	(5.4E-16)	(6.8E-16)	(2.8E-15)	(6.3E-16)	(1.9E-15)	(1.4E-16)	(5.7E-16)
	[-0.43496]	[-1.54244]	[1.33886]	[0.43239]	[-1.93089]	[0.65277]	[0.00000]	[1.8e+15]
R^2 ajusté	0.931015	1.000000	1.000000	1.000000	1.000000	1.000000	1.000000	1.000000

<u>Source</u> : ANSD, Calcul de l'auteur

Annexe 9 : Methodologie de recherche

Cette partie est tirée d'un cours dispensé par Professeur Abou Kane de la FASEG, le CREA et l'ENSAE de Dakar. Les points abordés répondent successivement aux questions suivantes :

- Qu'est-ce qu'une recherche ?
- Quelles sont les différentes démarches ou approches d'une recherche ?
- Quels canevas faut-il utiliser pour mieux présenter ses travaux ?
- Quels sont les différentes phases d'une recherche ?
- Comment présenter une recherche et ses références ?

9.1. La recherche est une démonstration vs problème

La recherche est une investigation qui vise, à partir d'un problème identifié à l'avance, d'en proposer des solutions scientifiques basées sur une démarche partagée par la communauté scientifique. En effet, il ne s'agit pas d'inventer ou de créer mais de bien utiliser les approches existantes. L'approche peut être quantitative, qualitative ou mixte. Il convient de souligner que le chercheur n'a pas l'obligation de préciser par des mots le type d'approche qu'il utilise puis que la recherche doit être logique et cohérente, sa démarche démonstrative doit permettre au lecteur de savoir quel type d'approche est utilisé.

9.2. Les approches

- L'approche inductive : on part d'un cas particulier qu'on veut généraliser avec des données recueillies sur un nombre d'individus suffisamment grand. L'une des conditions de validité de cette approche c'est la taille de l'échantillon de départ.
- L'approche déductive ou hypothético-déductive : on part des théories pour voir si les postulats sont valables pour la population étudiée.

9.3. Les types de recherche

- Recherche causale : on cherche un lien de causalité entre des variables. C'est une démarche très quantitative qui nécessite des données sur une grande échelle.
- Recherche non causale : elle peut être exploratoire ou descriptive. On part des observations pour apporter des explications à des phénomènes (démarche qualitative).

Pas de résultats attendus dans une thèse.

9.4. Exemple de thème de recherche

- Déséquilibre macroéconomique et chômage en Afrique (approche quantitative)
    - Productivité agricole avec l'approche Marshal en équilibre partiel
    - Simultanéité des équations d'offre et de demande
    - Mesure du chômage (plein emploi ou sous-emploi)
- Protection de l'environnement et développement en Afrique (approche qualitative)
    - Protection de l'environnement sur la croissance économique
    - Facteurs de la qualité de la croissance économique

Il y a plusieurs phases à franchir pour mener une bonne recherche.

9.5. Les différentes phases d'une recherche

- La phase de conception
- La phase de mise en œuvre des méthodes
- La phase de rédaction

9.5.1. La phase de conception

- Identification du champ de recherche
- Littérature existante
- Définition des objectifs et des hypothèses

C'est l'une des phases les plus importantes d'une recherche car elle permet au lecteur ou à l'évaluateur de se faire une idée sur les aptitudes du rédacteur. En effet, une recherche bien conçue, matérialise l'aptitude du rédacteur à comprendre les questions pertinentes que la communauté scientifique se pose. Cette phase commence par l'identification d'un problème de recherche (problématique). Celle-ci fait référence aux observations et aux lectures de celui qui rédige sur des questions de son domaine d'investigation. Un problème bien identifié doit conduire le rédacteur à convaincre de sa pertinence. C'est à partir de cela qu'on saura si la recherche a des chances d'être cohérente.

La meilleure façon de convaincre c'est par des chiffres. L'autre étape de la phase de conception consiste à délimiter le champ de recherche. Cette délimitation permet de choisir un énoncé approprié. A ce niveau, il est important d'éviter à avoir à tout prix des formules chocs. Il faut veiller à ce que l'énoncé colle bien avec les résultats qu'on va trouver ultérieurement. Généralement le premier énoncé n'est pas définitif. Il permet juste de tracer un canevas. Rien n'empêche de revenir sur le libellé du sujet après avoir trouvé des résultats. Cependant, les modifications doivent être minimes et ne doivent pas consister en un changement de thème.

La troisième étape de cette phase de conception est celle de l'exploration de la littérature existante. C'est à partir de la littérature que le rédacteur peut savoir les différents aspects de son sujet qi ont été abordés par les principaux auteurs et les approches qui ont été utilisées. Ainsi, il pourra comparer son idée aux idées générales soulevées sur le thème. C'est en quelque sorte un repère pour lui et durant toute la recherche, il doit avoir ce repère à l'esprit. Une fois que la littérature est explorée, les objectifs peuvent être déclinés. Il convient de préciser qu'il est préférable d'avoir un seul objectif général qui peut être décliné en plusieurs objectifs spécifiques, tout en évitant d'énoncer des objectifs insensés. Le danger est que les résultats auxquels on aboutit risquent de n'avoir aucun lien avec les objectifs. Dans l'énoncé des objectifs, il faut être le plus précis possible en expliquant la logique interne du travail et en veillant à ce qu'ils soient conformes au titre choisi.

Une étape importante de la phase de conception est l'énoncé des hypothèses de recherche. Une hypothèse de recherche est une affirmation découlant de lectures ou d'observations empiriques. On doit chercher à confirmer ou infirmer les hypothèses à l'aune des résultats obtenus. Il est à noter qu'une hypothèse ne doit pas être trop évidente car si tel est le cas l'intérêt de la recherche se verra réduit.

9.5.2. La phase de mise en œuvre des méthodes ou de traitement

- Choix de la méthodologie et justification
- Stratégie de collecte des données
- Présentation exhaustive des bases de données utilisées
- Aperçu sur les avantages de la méthode utilisée

Cette phase est un point crucial de la recherche. C'est ici qu'on doit choisir et justifier la méthodologie à utiliser. La justification revient à la présentation des avantages de la méthode par rapport à d'autres méthodes. Cette comparaison doit être basée sur les analyses empiriques rencontrées dans la littérature. Même si on veut expérimenter une nouvelle approche, il faudra expliquer en quoi est-ce que celle-ci est plus efficace que les autres.

Une autre étape de cette phase de mise en œuvre des méthodes encore appelée phase de traitement est la définition de la stratégie de collecte des données. A ce niveau, deux cas peuvent se présenter : soit on doit faire une enquête pour collecter les données soit on utilise des données déjà existantes. Dans les deux cas, il faudra bien expliquer les variables les plus importantes du questionnaire et au besoin la stratégie de collecte (échantillonnage). Autrement dit, la technique d'échantillonnage doit être bien précisée. Dans l'utilisation des outils techniques, il faut éviter tout travail superflu qui peut nuire à la qualité du document.

9.5.3. La phase de rédaction ou de discussion

Dans cette phase, on doit présenter les résultats et les discuter. Cette discussion doit aller au-delà des chiffres qui figurent sur les tableaux. On attend l'avis du chercheur sur les différentes tendances observées. Cependant, il doit éviter de donner des avis catégoriques sur des questions de recherche ; tout doit être nuancé. Sa position peut être exprimée à travers des formules plus ou moins relatives. C'est à partir de cette discussion qu'il va tirer une conclusion qui permet aux lecteurs de juger de la cohérence de la recherche. Ainsi, le chercheur pourra ouvrir des perspectives de recherche qui découlent directement des résultats. C'est dans cette phase de discussion qu'on attend aussi des recommandations de politique. Toutefois, les recommandations ne devraient pas être vagues et ne doivent pas consister en de vœux pieux.

9.6. Structure de la recherche

IMRAD : Introduction Method Results And Discussion

Il y a une structure bien connue pour la rédaction des travaux de recherché qui est déclinée par le sigle IMRAD. Ce sigle donne les différentes parties qu'on doit retrouver dans un travail de recherche.

9.6.1. L'introduction

C'est un moment important de la rédaction. C'est dans cette partie que l'on se fait une première idée sur le chercheur. On doit y retrouver la justification du choix du sujet pour convaincre de son intérêt, le contexte dans lequel la recherche est menée, le problème étudié et l'annonce du plan. Le problème étudié est présenté dans une partie communément appelée problématique. Celle-ci constitue le cœur de l'introduction et doit être rédigée soigneusement. Elle doit s'appuyer sur des statistiques fiables qui permettent aux lecteurs de comprendre la raison pour laquelle il est utile de faire cette recherche. Une problématique sans chiffre est à éviter. Dans l'annonce du plan, il faut éviter de reprendre exactement les titres des chapitres. On doit s'évertuer à donner la logique interne de la démarche même en utilisant d'autres expressions ou formules.

Il est important de noter que dans une introduction, le cadre théorique doit être précisé sans être développé. Par cadre théorique, on entend le corpus théorique dans lequel s'inscrivent nos analyses. C'est en quelque sorte un canevas qui permet au lecteur de pouvoir juger le document. En effet, pour un même thème de recherche, plusieurs approches peuvent être pertinentes mais c'est à partir du cadre théorique qu'on peut savoir dans quelles perspectives s'inscrive l'auteur. Cela est d'autant plus important que certaines critiques peuvent ne pas être opérationnelles pour rapport à un cadre théorique donné et être pertinentes pour un autre cadre théorique. Toutefois, il faut éviter de faire des développements qui sont attendus dans la revue de littérature.

9.6.2. La méthode

La méthodologie doit être choisie non pas par rapport à nos connaissances mais par rapport à l'utilité pour la résolution des questions de recherche. En effet, de la même manière que le cadre théorique constitue un canevas l'approche méthodologique est le fondement de tous les résultats éventuels auxquels on va aboutir. Lorsqu'on choisit une méthodologie on doit s'assurer que tous les auteurs qui l'on utilisait peuvent servir de référence. Il faut éviter de privilégier dès le début l'aspect quantitatif au détriment de l'explication de la méthode. Il peut arriver pour traiter un sujet plusieurs méthodes soient pertinentes mais ce n'est pas une raison de les utiliser toutes. Même si on utilise 2 ou 3 méthodes en même temps, cela ne pourra être utilisé qu'à titre de comparaison et on doit préciser la méthode qu'on privilégie tout en donnant les justifications. Rien n'empêche donc de prendre plusieurs méthodes.

9.6.3. Les résultats

Dans la présentation des résultats, on doit bien faire la différence entre le nécessaire, l'indispensable et l'accessoire. Les résultats qu'il faut impérativement mettre dans le texte sont ceux qui permettent de mettre le lien direct entre la méthode et les recommandations de politique. En d'autres termes, tout résultat qui peut aboutir à une conclusion pertinente et importante par rapport à la question de recherche doit figurer dans le texte. En annexe, on peut mettre tout autre résultat permettant d'aller au-delà de la question cruciale qu'on se pose dans le document. Il faut noter que ce n'est pas la taille des graphiques ou tableaux qui détermine leurs positions dans le document. Les commentaires doivent être bien répartis autour des tableaux et graphiques i.e. il est préférable d'en avoir une partie avant et une partie après. Il est utile de renvoyer le lecteur au numéro du tableau ou graphique auquel le commentaire se rapporte. En écrivant la partie résultats, on doit garder à l'esprit que ce qu'on développe doit répondre à la question cruciale i.e. les objectifs qu'on s'était fixés. On doit accorder une importance particulière à la fluidité du style car les résultats mal présentés peuvent nuire à la qualité du document même si par ailleurs la méthodologie est pertinente.

9.6.4. La discussion

C'est la partie où on doit montrer la valeur ajoutée de notre travail de recherche. On ne peut pas manquer de mettre en balance notre propre résultat et les résultats trouvés dans d'autres études. Une discussion doit permettre aux lecteurs de classer le travail par rapport à tous les travaux sur le thème. Il ne s'agit pas cependant de donner des faiblesses des autres travaux pour mieux se positionner. Ici, l'objectif doit être de comparer ce qu'on a obtenu comme résultats et ce que d'autres auteurs ont eu à trouver. Il faut tout de même veiller à ne pas convoquer des travaux qui ne sont pas très liés avec ce que nous faisons. Une discussion bien menée peut même donner des éclairages sur les recommandations de politique.

9.6.5. La conclusion

C'est une partie tout aussi importante que l'introduction car c'est elle qui laisse la dernière impression au lecteur. Une conclusion n'est pas seulement un résumé des résultats. Elle doit d'abord rappeler la problématique ou la question de recherche avant de présenter les principaux résultats et d'en donner la portée. Celle-ci permet de voir l'utilité de la recherche pour la communauté scientifique et les décideurs. Dans une conclusion, on doit aussi évoquer les limites théoriques, empiriques et méthodologiques de la recherche (surtout). Enfin, on doit ouvrir des perspectives pour les recherches futures sur le thème.

9.6.6. La bibliographie et les références

Les passages cités sont présentés en romain et entre guillemets. Lorsque la phrase citant et la citation dépassent trois lignes, il faut aller à la ligne, pour présenter la citation (interligne 1) en romain et en retrait, en diminuant la taille de police d'un point.

Les références de citation sont intégrées au texte citant, selon les cas, des façons suivantes :

- (Initiale (s) du Prénom ou des Prénoms et Nom de l'Auteur, année de publication, pages citées) ;

- Initiale (s) du Prénom ou des Prénoms et Nom de l'Auteur (année de publication, pages citées).

Exemples :

- En effet, le but poursuivi par M. Ascher (1998, p. 223), est « d'élargir l'histoire des mathématiques de telle sorte qu'elle acquière une perspective multiculturelle et globale (…), d'accroitre le domaine des mathématiques : alors qu'elle s'est pour l'essentiel occupé du groupe professionnel occidental que l'on appelle les mathématiciens (…) ».

- Pour dire plus amplement ce qu'est cette capacité de la société civile, qui dans son déploiement effectif, atteste qu'elle peut porter le développement et l'histoire, S. B. Diagne (1991, p. 2) écrit :

Qu'on ne s'y trompe pas : de toute manière, les populations ont toujours su opposer à la philosophie de l'encadrement et à son volontarisme leurs propres stratégies de contournements. Celles-là, par exemple, sont lisibles dans le dynamisme, ou à tout le moins, dans la créativité dont sait preuve ce que l'on désigne sous le nom de secteur informel et à qui il faudra donner l'appellation positive d'économie populaire.

- Le philosophe ivoirien a raison, dans une certaine mesure, de lire, dans ce choc déstabilisateur, le processus du sous-développement. Ainsi qu'il le dit :

> Le processus du sous-développement résultant de ce choc est vécu concrètement par les populations concernées comme une crise globale : crise socio-économique (exploitation brutale, chômage permanent, exode accéléré et douloureux), mais aussi crise socio-culturelle et de civilisation traduisant une impréparation socio-historique et une inadaptation des cultures et des comportements humains aux formes de vie imposées par les technologies étrangères. (S. Diakité, 1985, p. 105).

Les sources historiques, les références d'informations orales et les notes explicatives sont numérotées en série continue et présentées en bas de page.

Dans leur ensemble, les divers éléments d'une référence bibliographique sont présentés comme il suit :

NOM et Prénom (s) de l'auteur, Année de publication, Zone titre, Lieu de publication, Zone Editeur, les pages (pp.) des articles pour une revue.

Dans la zone titre, le titre d'un article est présenté en romain et entre guillemets, celui d'un ouvrage, d'un mémoire ou d'une thèse, d'un rapport, d'une revue ou d'un journal est présenté en italique. Dans la zone Editeur, on indique la Maison d'édition (pour un ouvrage), le Nom et le numéro/volume de la revue (pour un article). Au cas où un ouvrage est une traduction et/ou une réédition, il faut préciser après le titre le nom du traducteur et/ou l'édition (ex : 2nde éd.).

Toutes les références citées dans le texte doivent être incluses dans la liste des références à la fin du texte en ordre alphabétique d'auteurs mises en forme selon les exemples ci-dessous. Les références bibliographiques sont donc présentées par ordre alphabétique des noms d'auteur. N'inclure que les publications sous presse ou publiées. Toujours faire usage de l'abréviation internationale du titre du périodique indiquée en italique.

NB : hormis les sigles et acronymes, seuls les noms de famille des auteurs et les initiales de leurs prénoms devront être présentées en lettres MAJUSCULES.

Articles dans des périodiques

BOULOU S.E., T.J. WALKER, R.M. BOURRITA et D.D. DARMOUZE (1999). A review of potentially low-cost insurance product. *Journal of actuarial science*, 33, 2469-2479.

CAZAIS F., M. COLEDON M et Y. NGAH (2016). Digital systems and financial inclusion : A review. *Journal of Marketing Research.*, Art. 7183813. DOI : 12.1155/2016/7183813

DIA O., P. DIGBEU, R. KOFFI et G. SAWADOGO (2016). Finance islamique et inclusion financière en zone UEMOA, *Revue Gestion 2000*, 49, 63–89.

Livres

COULIBALY W. et J.J. STANLEY (1981). Développement durable et microfinance, Khartala, Paris France, 380 p.

KANTE J. et E. SINDIA (2007). Finance de marché, les grands principes. 2e éd., Dunod, Paris, France, 482 p.

Chapitres de livres

DOUCOURE J.J. et S.J. SLIMANE (1992). Microfinance. Dans : *Municipal fund management*. LUE-HING C., D.R. BILA et T. KUCNER (éd.), Financial Management Library, Vol. 4, Financia Publishing Co., Lancaster (PA), États-Unis, Chap. 4, pp. 139-179.

ASSANI J. (2007). Structures des tontines en Afrique francophone et apports de la digitalisation. *Dans : Microfinance et développement.* DEMARAIS J. et E. BEAULIEU (éd.), Dunod, Paris, France, Chap. 1, pp. 25-50.

Comptes rendus de congrès

CHO M., K.M. HA, Y.S. CHOI, W.S. LONGMAN, P. BOURGEOIS et R. DEMERS (2003). Relationships between the classical retirement systems and new micro-insurance systems for rural poors in South Guinea. *Proceedings of the International Conference on Microfinance and Development in Social Investing Impact*, 15-19 septembre 2004, Bali, Indonésie, International Association of Actuaries, pp. 41-42.

BEAUREGARD J.P. et A. BOUTARD (1993.) Étude prospective d'une mesure d'inclusion financière fondée sur un modèle synthétique : étude de cas. *2e journées internationales de recherche en inclusion financière*, 9-11 novembre 2020, Montréal (QC), Canada, JIRI, Compte rendu, pp. 53-62.

Rapports scientifiques

DIRECTION NATIONALE BCEAO SENEGAL (2019). *Inclusion financière et réduction de la pauvreté dans les agglomérations du Sine Saloum.* BCEAO, N° 220/19-00, 79 p.

CABI- NGOM O., Y. BOUKARE et A. TIMITE (2016). *Analyse des moyens de paiement digitaux dans les villages d'Afrique de l'ouest.* Institut national de la recherche en microfinance, Centre de Lomé, rapport de recherche 1684, Togo, 24 p.

Thèses

CISSE E. (1990). *Pertinence du système d'évaluation d'impact sur l'accroissement de richesse des populations les plus vénérables dans la mise en place d'une banque agricole. Effets croisés.* Thèse de doctorat, Univ. Rennes, France, 220 p.

AMBROUKI M. (2007). *Utilisation de critères de sanitaires dans la caractérisation de groupe-cible en micro-assurance.* Mémoire de Master, Univ. Cheikh Anta Diop, Ecole Supérieure Polytechnique, Sénégal, 92 p.

Brevets

KOUAME G.L. (1992). *Process for enhancing low income population resilience*. Brevet FNUAP, No. 5,087,978.

Sites internet

AGENCE NON GOUVERNEMENTALE D''EDUCATION FINANCIERE (2015). Finance publique pour les nuls. https://www.angef.gc.ne/cnt/mrgnc-mngmnt/mrgnc-prprdnss/ntnl-pblc-lrtng-sstm-en.aspx (consulté le 12 décembre 2016).

MINISTÈRE DE FINANCE DE LA REPUBLIQUE DU BENIN (2006). Règlement sur a conduite de l'évaluation en milieu social défavorisé. http://www.mrb.gouv.be/evaluation/reg.htm (consulté le 11 août 2014).

Table des matières

Avant-propos IV
Introduction générale 1
Première partie : Cadre théorique et méthodologique de l'étude 5
Chapitre 1 : Problématique, objectifs de l'étude et hypothèses de recherche   7
    1.1. Problématique 7
    1.2. Objectifs de l'étude et hypothèses de recherche   9
Chapitre 2 : Revue de littérature 11
    2.1. Revue théorique 11
        2.1.1. Enseignements de l'économie industrielle 11
        2.1.2. Théorie de la production 13
        2.1.3. Théories des organisations 13
        2.1.4. Théorie de l'ouverture économique 14
    2.2. Revue empirique 15
        2.2.1. L'approche macroéconomique 15
            2.2.1.1. Analyses dans l'ensemble de l'économie : les facteurs globaux 16
            2.2.1.2. Analyses dans le secteur industriel : les facteurs sectoriels   16
        2.2.2. L'approche microéconomique 17
            2.2.2.1. Analyses par branche d'activité de l'industrie   17
            2.2.2.2. Analyses par entreprise industrielle. 18
Chapitre 3 : Présentation des données et méthodologie de recherche . 23
    3.1. Présentation des données 23
    3.2. Caractéristiques du secteur industriel 26
    3.3. Modélisation de la croissance industrielle 26
Chapitre 4 : Présentation du secteur et des politiques industrielles 33
    4.1. Présentation du secteur industriel sénégalais 33
    4.2. Politiques industrielles au Sénégal 35

4.2.1. Les politiques industrielles d'avant 1986 .36
4.2.2. La Nouvelle Politique Industrielle (NPI) ...36
4.2.3. La Politique de Redéploiement Industriel (PRI)   37
4.2.4. La Politique Industrielle Commune (PIC) de l'UEMOA   39
4.2.5. Les politiques industrielles mondiales.....40

Deuxième partie : Caractéristiques du secteur industriel sénégalais et analyse économétrique de la croissance industrielle..33

Chapitre 5 : Analyse exploratoire sectorielle de l'industrie........................71

5.1. L'évolution de la valeur ajoutée et la production industrielle   71
5.2. L'évolution du chiffre d'affaires des entreprises industrielles   75
5.3. L'évolution de la consommation finale marchande et la consommation intermédiaire du secteur industriel..........................76
5.4. La compétitivité du secteur industriel............77
5.5. Analyse descriptive bivariée........................79
  5.5.1. Relations entre les variables d'intérêt et les autres variables   79
  5.5.2. Corrélations entre les variables d'étude .79

Chapitre 6 : Analyse comparative des branches d'activité de l'industrie 81

6.1. Analyse de la valeur ajoutée des branches d'activité de l'industrie   81
  6.1.1. La contribution des branches d'activité à la création de la richesse nationale..81
  6.1.1. L'évolution de la valeur ajoutée de certaines branches d'activité 82
6.2. Analyse de la production des branches d'activité de l'industrie   85
  6.2.1. La structure de la production industrielle 85
  6.2.2. L'évolution de la production de quelques branches d'activité de l'industrie.........................86
6.3. Analyse de la consommation finale marchande et la consommation intermédiaire des branches d'activité de l'industrie 87
  6.3.1. Structure de la consommation industrielle locale   87
  6.3.2. L'évolution de la consommation finale marchande des produits issus de certains branches d'activité de l'industrie...........88
  6.3.3. L'évolution de la consommation intermédiaire des produits de certains branches d'activité de l'industrie........................89
6.4. Analyse de la compétitivité des branches d'activité de l'industrie   91
  6.4.1. La structure des exportations et importations des branches d'activité de l'industrie................................91
  6.4.2. L'évolution des exportations industrielles 91

6.4.3. L'évolution des importations industrielles 93

Chapitre 7 : Modélisation économétrique de la croissance industrielle . 97

7.1. Tests d'hypothèses et détermination du nombre de retard 97

7.1.1. Tests de stationnarité 97

7.1.2. Détermination du nombre de retard du modèle 101

7.2. Estimation des paramètres du modèle 102

7.3. Validation du modèle 103

7.3.1. Test de normalité de Jarque-Bera 104

7.3.2. Test d'autocorrélation de Ljung-Box 104

Chapitre 8 : Analyse des résultats et des prévisions 107

8.1. Interprétation des résultats de la modélisation économétrique 107

8.1.1. Analyse d'ensemble du secteur industriel 107

8.1.2. Analyse des résultats par branche d'activité de l'industrie 108

8.2. Analyse prévisionnelle 109

8.2.1. Test de causalité des variables avec le TCI 109

8.2.2. Décomposition de la variance de l'erreur de prévision 110

8.2.3. Analyse des chocs 111

Conclusion générale 113

Bibliographie I

Sigles et abréviations IX

Annexes XIII

Annexe 1 : statistiques descriptives (en %) sur l'environnement des entreprises industrielles XIII

Annexe 2 : Répartition de la valeur ajoutée de l'industrie (en % du PIB) par branche d'activité détaillée XIV

Annexe 3 : la contribution des branches d'activité de l'industrie (en %) au taux de croissance économique XV

Annexe 4 : évolution de la production de quelques branches d'activité de l'industrie XVI

Annexe 5 : test de Dicker-Fuller Augmenté (ADF) sur la variable TCFBCF XVIII

Annexe 6 : estimation des paramètres du modèle VAR XX

Annexe 7 : évolution des résidus des équations du modèle VAR XXII

Annexe 8 : estimation des paramètres du modèle pour chaque branche d'activité de l'industrie XXIII

Annexe 9 : Méthodologie de recherche XXXVII

9.1.	La recherche est une démonstration vs problème	XXXVII
9.2.	Les approches	XXXVII
9.3.	Les types de recherche	XXXVIII
9.4.	Exemple de thème de recherche	XXXVIII
9.5.	Les différentes phases d'une recherche	XXXVIII
9.5.1.	La phase de conception	XXXVIII
9.5.2.	La phase de mise en œuvre des méthodes ou de traitement	XL
9.5.3.	La phase de rédaction ou de discussion	XLI
9.6.	Structure de la recherche	XLI
9.6.1.	L'introduction	XLI
9.6.2.	La méthode	XLII
9.6.3.	Les résultats	XLII
9.6.4.	La discussion	XLIII
9.6.5.	La conclusion	XLIII
9.6.6.	La bibliographie et les références	XLIV

Table des matières XLIX
Liste des tableaux LIII
Liste des graphiques LIV
Liste des encadrés LVI
Liste des annexes LVII

Liste des tableaux

Tableau 1 : Statistiques descriptives sommaires (en %) des taux de croissance industrielle et production industrielle 73

Tableau 2 : Relation entre les variables TCI et TPI avec les autres variables d'étude 79

Tableau 3 : Matrice de corrélation des variables 80

Tableau 4 : Résultats du test ADF pour les variables de l'étude   98

Tableau 5 : Valeurs des critères d'information AIC et SC   101

Tableau 6 : Estimation des paramètres de l'équation de TCI   102

Tableau 7 : Résultats du test de Ljung-Box 105

Tableau 8 : Résultats des tests de causalité 110

Liste des graphiques

Graphique 1 : Répartition des entreprises industrielles par branches d'activité en 2012.....34
Graphique 2 : Evolution de la part de la valeur ajoutée industrielle dans le PIB nominal ...72
Graphique 3 : Evolution de 1980 à 2012 de la valeur ajoutée industrielle (en % du PIB) de certains pays de l'UEMOA...................73
Graphique 4 : Evolution du taux de croissance industrielle...................74
Graphique 5 : Evolution du taux de production industrielle 74
Graphique 6 : Evolution du taux de croissance du chiffre d'affaires de 1998 à 2012...........75
Graphique 7 : Evolution des taux de croissance de la consommation finale marchande et la consommation intermédiaire de 1981 à 2012...................77
Graphique 8 : Evolution du taux de croissance des termes de l'échange de 1981 à 2012 78
Graphique 9 : Evolution des taux de croissance des exportations et des importations industrielles de 1981 à 2012...................78
Graphique 10 : Structure de la valeur ajoutée de l'industrie en 2012...................82
Graphique 11 : Evolution des taux de croissance de la valeur ajoutée des industries extractives et de l'énergie...................83
Graphique 12 : Evolution des taux de croissance de la valeur ajoutée des industries alimentaires et textiles et du cuir...................83
Graphique 13 : Evolution des taux de croissance de la valeur ajoutée des industries mécaniques et chimiques...................84
Graphique 14 : Evolution des taux de croissance de la valeur ajouté des industries du bois et du papier et du carton...................85
Graphique 15 : Structure de la production industrielle en 2012...................86
Graphique 16 : Structure de la consommation industrielle locale (CFM et CI) en 2012 87
Graphique 17 : Evolution des TCCFM des industries alimentaires et chimiques...................88
Graphique 18 : Evolution des TCCFM des industries de production d'énergie et textiles et du cuir...................89
Graphique 19 : Evolution des TCCI des industries chimiques et mécaniques 90
Graphique 20 : Evolution des TCCI des industries extractives et alimentaires...................90
Graphique 21 : Structure des exportations et importations industrielles en 2012.................91
Graphique 22 : Evolution du taux de croissance des exportations des industries alimentaires et extractives...................92
Graphique 23 : Evolution du taux de croissance des exportations des industries mécaniques et chimiques...................93
Graphique 24 : Evolution du taux de croissance des importations de produits issus des industries mécaniques et chimiques...................94
Graphique 25 : Evolution du taux de croissance des importations de produits issus des industries extractives et alimentaires...................94
Graphique 26 : Corrélogramme de la série TCI en différence première...................98
Graphique 27 : Histogramme et test de Jarque-Bera des résidus...................104
Graphique 28 : Réponse du TCI suite aux chocs de quelques variables à l'étude 112

Liste des graphiques

Liste des encadrés

Encadré 1 : Principe du test ADF.. 100

Liste des annexes

Annexe 1 : statistiques descriptives (en %) sur l'environnement des entreprises industrielles XIII

Annexe 2 : Répartition de la valeur ajoutée de l'industrie (en % du PIB) par branche d'activité détaillée XIV

Annexe 3 : la contribution des branches d'activité de l'industrie (en %) au taux de croissance économique XV

Annexe 4 : évolution de la production de quelques branches d'activité de l'industrie XVI

Annexe 5 : test de Dicker-Fuller Augmenté (ADF) sur la variable TCFBCF XVIII

Annexe 6 : estimation des paramètres du modèle VAR XX

Annexe 7 : évolution des résidus des équations du modèle VAR XXII

Annexe 8 : estimation des paramètres du modèle pour chaque branche d'activité de l'industrie XXIII

Achevé d'imprimer en Octobre 2020 par :
Carvi Writer Editions numériques – Dakar
Dépôt légal : Décembre 2019
Imprimé au Mali

L'industrie sénégalaise comprend dix branches d'activité dont les plus importants en termes de valeur ajoutée sont les industries alimentaires, chimiques, extractives, de production d'énergie et de matériaux de construction. Elle a connu depuis 1960 des politiques industrielles telles que la Nouvelle Politique Industrielle (NPI), la Politique de Redéploiement Industriel (PRI), la Politique Industrielle Commune (PIC) de l'UEMOA et les politiques industrielles mondiales notamment celles de l'ONUDI.

Pourtant, cette industrie sénégalaise est très affaiblie sur la période 2000-2018. Le taux de croissance de la valeur ajoutée du secteur secondaire est relativement stable ces 20 dernières années (avec une moyenne respectivement de 4,6% entre 2010 et 2013, et 6,6% entre 2014 et 2018), une situation imputable aux contre-performances des industries chimiques, énergiques et textiles du Sénégal. **Les contre-performances du secteur industriel ont pour principales explications l'augmentation grandissante des importations de produits industriels, la détérioration des termes de l'échange et les coûts élevés de facteurs de production.** Cette situation est observée dans la plupart des branches d'activité de l'industrie. Cependant, il s'y ajoute d'autres facteurs explicatifs des difficultés de quelques branches d'activité de l'industrie, à savoir la modeste consommation finale marchande de produits industriels, l'insuffisance des investissements et la faible part de marché mondial des entreprises industrielles.

Dans ce livre, il est offert des pistes de solutions que l'Etat devrait mettre en œuvre afin de renforcer le tissu industriel sénégalais.

Coauteur : Atoumane DIAGNE, Ingénieur Statisticien Économiste à l'ENSAE de Dakar, Co-fondateur depuis 2018 de l'entreprise STAT AGENCY SARL spécialisée dans la statistique, l'économie, l'informatique et la gestion. Avec ses talents d'entrepreneur, il a fait augmenter le chiffre d'affaires de ce cabinet d'étude et a élargi considérément son réseau professionnel sur l'Afrique de l'Ouest. Ses domaines d'activités sont : études statistiques, études de marché, gestion des bases de données, traitement des données, analyse de données d'enquête ou de données clients, prévisions des ventes, conception d'outils informatiques de gestion (application web et logiciels), modélisation économétrique, économie industrielle et marketing digital. Il est CEO et cofondateur en 2020 de STARTUP STAT MARKETING une agence marketing qui fait usage des outils statistiques et valorise les données sur les clients avec l'intelligence artificielle, les Big data et la data science. Visitez son site web et bénéficiez de nombreuses ressources mises à votre disposition ww.startup-statmarketing.com

Coauteur : Docteur Lassana TOURE est diplômé de l'Université de Bourgogne en France, de l'Université Paris Est Créteil en France et de l'Université Cheikh Anta Diop au Sénégal dans les domaines de l'Economie quantitative, de l'Économétrie et de la Gestion des projets de développement. Licencié en Sciences Economiques et de Gestions, il est Titulaire d'un Master en Economie quantitative et Économétrie, d'un Master en Economie de développement et d'un doctorat en Economie Appliquée. Enseignant chercheur à l'Université de SEGOU, ses domaines de compétences englobent entre autres, la Modélisation et Prévision économétrique, les études statistiques, l'Economie Agricole, ainsi que la finance rurale. Il a animé plusieurs formations en Gestion Axée sur les résultats (GAR) et en Gestion de Projets pour le compte de différents programmes nationaux. Il a une grande expertise en consulting et dans la Formation professionnelle (études et recommandations de politiques économiques, modélisation et prévision économique).

ISBN : 979-8-6910-2651-5

www.ingramcontent.com/pod-product-compliance
Lightning Source LLC
Chambersburg PA
CBHW051910210526
45473CB00006B/1966